室内设计
节点工艺构造手册
墙柱面

锦唐艺术　编著

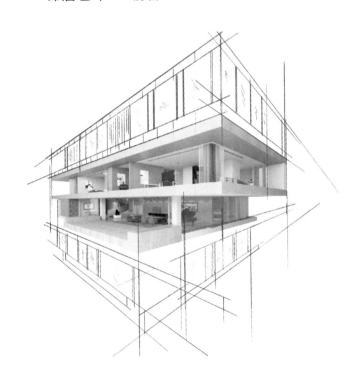

辽宁美术出版社

图书在版编目（CIP）数据

室内设计节点工艺构造手册．墙柱面 ／ 锦唐艺术编著

．—沈阳 ：辽宁美术出版社，2023.1

ISBN 978-7-5314-9199-6

Ⅰ．①室… Ⅱ．①锦… Ⅲ．①住宅-墙-室内装饰设
计-手册②住宅-柱体-室内装饰设计-手册 Ⅳ.
①TU238-62

中国版本图书馆CIP数据核字(2022)第100543号

出 版 者：辽宁美术出版社
地　　　址：沈阳市和平区民族北街29号　邮编：110001
发 行 者：辽宁美术出版社
印 刷 者：北京军迪印刷有限责任公司
开　　　本：889mm×1194mm　1/16
印　　　张：17.5
字　　　数：200千字
出版时间：2023年1月第1版
印刷时间：2023年1月第1次印刷
责任编辑：严赫
版式设计：理想·宅
封面设计：理想·宅
责任校对：郝刚
ISBN 978-7-5314-9199-6
定　　　价：1980.00元（全六册）

邮购部电话：024-83833008
E-mail：lnmscbs@163.com
http://www.lnmscbs.cn
图书如有印装质量问题请与出版部联系调换
出版部电话：024-23835227

目录 CONTENTS

1

钢结构及砌体结构隔墙

　　钢结构隔墙，通常指的是轻钢龙骨隔墙，它具有刚度大、自重轻、整体性好、易于加工和大批量生产的优点。同时，钢结构隔墙具有良好的耐腐性、耐火性以及隔音、保温的效果。

　　砌体结构的材料通常包括轻质块体材料、烧结空心砖、蒸压加气混凝土砌块和轻骨料混凝土小型空心砌块。本章选用轻体砌块隔墙与轻质墙这两类常用的砌体结构隔墙进行解说。砌体隔墙在砌筑时需满足"横平竖直、灰浆饱满、上下错缝、接槎可靠"十六字方针，其良好的耐久性、耐火性以及保温隔热性使砌体隔墙更多用于卧室和客厅的隔墙。

1.1
钢骨架隔墙

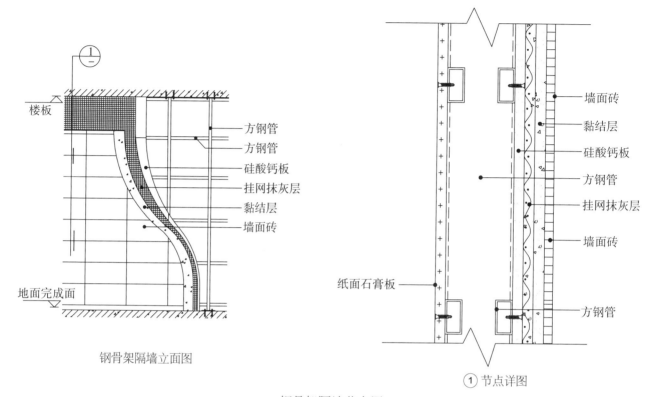

楼板

方钢管
方钢管
硅酸钙板
挂网抹灰层
黏结层
墙面砖

地面完成面

钢骨架隔墙立面图

墙面砖
黏结层
硅酸钙板
方钢管
挂网抹灰层
墙面砖

纸面石膏板

方钢管

① 节点详图

钢骨架隔墙节点图

扫 / 码 / 观 / 看
"钢骨架隔墙"三维节点
动图

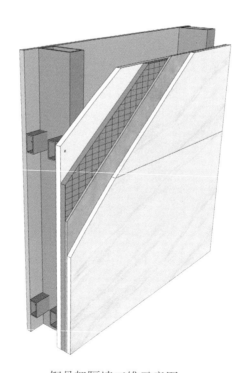

钢骨架隔墙三维示意图

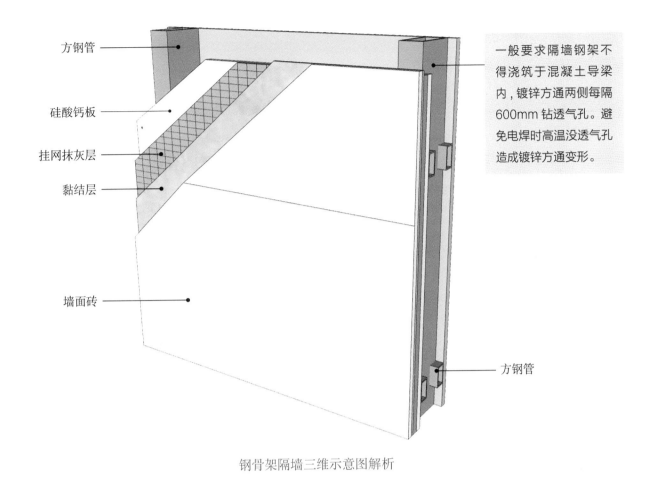

方钢管

硅酸钙板

挂网抹灰层

黏结层

墙面砖

一般要求隔墙钢架不得浇筑于混凝土导梁内，镀锌方通两侧每隔600mm钻透气孔。避免电焊时高温没透气孔造成镀锌方通变形。

方钢管

钢骨架隔墙三维示意图解析

/ 钢骨架隔墙施工应注意的问题 /

① 首先必须在钢骨架结构工程验收检测合格后才可以进行下一道工序。

② 根据施工现场的放线尺寸以及设计施工图纸上的施工要求，根据施工图纸中各个重要施工节点的大样图对施工材料的品牌、规格以及型号等进行检查审阅；方管、角铁等钢型材料进入现场作业前，应通知业主单位和监理负责人确认。

③ 进场的施工材料均为整体未加工的材料，应根据设计图纸里相关的要求对进场材料用专业的切割机器对材料进行切割，切割完成后才可进行下一道工序。

④ 如果设计要求隔墙须有导墙，则应将导梁施工完毕并达到一定的设计强度后，才可以继续进行钢骨架的安装。

⑤ 隔墙的钢架一般不允许浇注在混凝土导梁内。

⑥ 水泥砂浆批荡层需待其干透后才能进行防水施工。

工艺解析

第一步：楼地面清理、放线

在施工前，需将房内打扫干净，并按要求弹出隔断和墙面连接的垂直线，门洞的位置线、地面和顶棚的位置线，同时对隔墙的细部尺寸进行测量。

第二步：制作导梁

应按设计要求对导梁进行施工，导梁施工前先进行支模，用细石混凝土进行浇筑，振捣密实（在卫生间或厨房等常年处于潮湿状态的部位，必须有高度不小于 200mm 的导梁）。

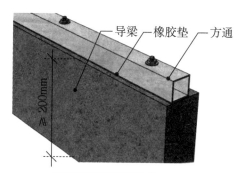

导梁两端需伸进墙体 20mm

第三步：钢架焊接

焊接前，选用符合设计要求的竖向或横向钢架尺寸及间距。焊口需保证表面光滑，出现问题及时进行补救，以保障焊口的质量，在焊接点涂刷防锈漆时，需均匀、完全，不可漏刷。

第四步：封基层板

基层板通常采用水泥压力板或硅酸钙板，用自钻螺丝进行固定。

第五步：挂网

钢架梁侧用镀锌钢丝网（孔径 ≤ 3mm，丝径 ≥ 1.2mm）满钉，横向固定点 ≤ 300mm，纵向固定点 ≥ 300mm。

第六步：水泥砂浆抹灰

最后给硅酸钙板刷一层加胶状的素浆，再对水泥砂浆进行批荡，控制抹灰厚度给下层饰面留下足够距离。

钢骨架隔墙造价高，但具有耐腐蚀的特性，常用于卫生间、厨房等潮湿空间中，此外，还可用于客厅、书房或办公区域的空间分隔。

钢骨架隔墙实景效果图

1.2
轻钢龙骨隔墙

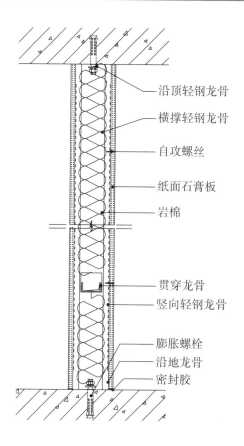

沿顶轻钢龙骨

横撑轻钢龙骨

自攻螺丝

纸面石膏板

岩棉

贯穿龙骨

竖向轻钢龙骨

膨胀螺栓

沿地龙骨

密封胶

轻钢龙骨隔墙节点图

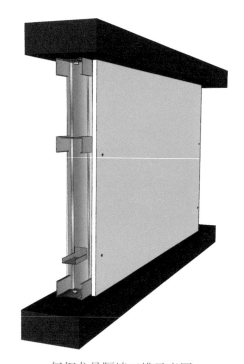

轻钢龙骨隔墙三维示意图

扫 / 码 / 观 / 看
"轻钢龙骨隔墙"三维节
点动图

中间竖向龙骨应按照面板的宽度，以不大于 1/2 板宽加缝隙宽度（一般为 5mm）分档设置，其间距不宜大于 600mm，两端应用射钉固定。当两隔墙横纵向交接时，交接部位的竖向龙骨不可省略。

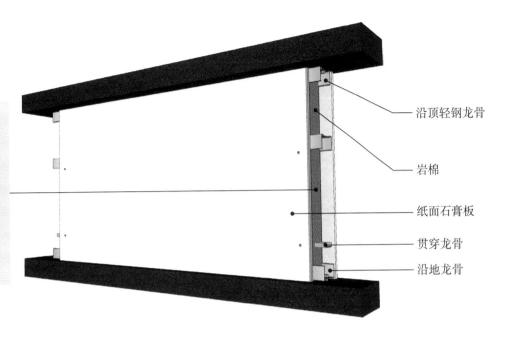

沿顶轻钢龙骨
岩棉
纸面石膏板
贯穿龙骨
沿地龙骨

轻钢龙骨隔墙三维示意图解析

/ 如何选购轻钢龙骨 /

① 选择龙骨的断面形状

轻钢龙骨断面形式有 U 型、C 型、L 型、T 型等多种类型，根据用途选择。U 型龙骨和 C 型龙骨均属于承重龙骨，可用作隔断，U 型作为主龙骨支撑，C 型作为横撑龙骨卡接。T 型和 L 型龙骨主要用于不上人的吊顶，T 型龙骨用于主龙骨和横撑龙骨，L 型则为边龙骨。

② 选择龙骨的厚度

轻钢龙骨的厚度不应小于 0.6mm。选购时不仅应查看产品的规格说明，在说明中确认长度，还应通过肉眼和手感对铝扣板的厚度进行复核。

③ 检查龙骨的镀锌工艺

为防止轻钢龙骨表面生锈，龙骨两面均应镀锌。选择龙骨时，应确保龙骨镀锌层无脱落、麻点等影响美观及性能的问题，确保产品的合格，保障龙骨的防潮性。

④ 观察轻钢龙骨上的"雪花"

品质较好的轻钢龙骨镀锌后，表面会呈现出雪花状。选择龙骨时可选择有雪花状的镀锌表面，且雪花图案清晰、手感刚硬、缝隙较小的产品，确保选择的龙骨产品质量优良。

工艺解析

第一步：弹线

在符合设计条件的地面或地枕带上，以施工图为依据，放出隔墙位置线、门窗洞口边框线及顶龙骨位置的边线。

第二步：安装顶地龙骨

按放置正确的隔墙位置线安装沿顶龙骨及沿地龙骨，以 600mm 的间距将龙骨用射钉与主体固定连接。

第三步：竖向龙骨分档

在安装天地龙骨后，根据隔墙放线的门洞口位置，按 1200mm 宽的罩面板规格，分档的规格尺寸为 450mm，为避免破边石膏罩面板在门洞框处，不足模数的分档需避开门洞框边第一块罩面板的位置。

第四步：安装竖向龙骨

按分档位置安装竖向龙骨，其上下两端分别插入天地龙骨，用抽芯铆钉对调整后垂直且定位准确的竖向龙骨进行固定；墙柱边的竖向龙骨以 1000mm 为间距用射钉或木螺丝与墙柱固定，竖龙骨安装完毕后设有贯通龙骨，采用支撑卡与竖龙骨固定。

第五步：安装系统管、线

安装墙体内水、电管线等设备时，应避免切断横竖龙骨，同时避免在沿墙下端设置管线。安装管线需固定牢固，并采取局部加强措施。

第六步：安装横撑轻钢龙骨

根据设计要求，隔墙高度大于 3m 时应加横撑轻钢龙骨，卡档龙骨采用抽芯铆钉或螺丝进行固定。

第七步：安装门洞口框

门框垛口处的隔墙需增加竖向龙骨的整体牢固度，端头的两根龙骨可对扣安装，并用白铁皮进行整体的拉接。门框的过梁应与竖向龙骨牢固地联结，横向龙骨在切割和弯折后也需与竖向龙骨固定，而不只是在两侧进行固定，墙地面接缝处用密封胶进行密封。

第八步：安装一侧石膏板

如隔墙上有门洞口，则从门口处开始安装。无门洞口墙体的安装从墙的一端开始，一般用自攻螺钉对石膏板进行固定，只有纸面石膏板紧靠龙骨时，才可用自攻螺钉进行固定。

第九步：安装另一侧石膏板及填充材料

安装方法同第一侧纸面石膏板，其接缝应与第一侧面板错开，墙体内填充材料（如岩棉）的铺放应铺满铺平，且与另一侧石膏板的安装同时进行。

轻钢龙骨隔墙不能贴墙砖，故其可以作为客厅、卧室的隔墙，但不能作卫生间和厨房的隔墙。

轻钢龙骨隔墙实景效果图

1.3
轻钢龙骨隔墙（转角）

▶▶ 轻钢龙骨隔墙（顶部转角）

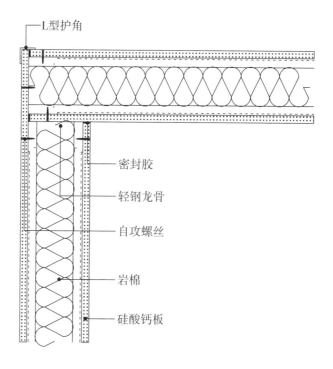

— L型护角

— 密封胶

— 轻钢龙骨

— 自攻螺丝

— 岩棉

— 硅酸钙板

轻钢龙骨隔墙（顶部转角）节点图

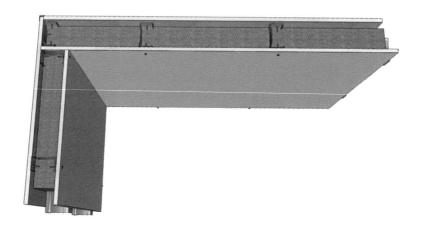

轻钢龙骨隔墙（顶部转角）三维示意图

扫／码／观／看
轻钢龙骨隔墙（顶部转角）"三维节点动图

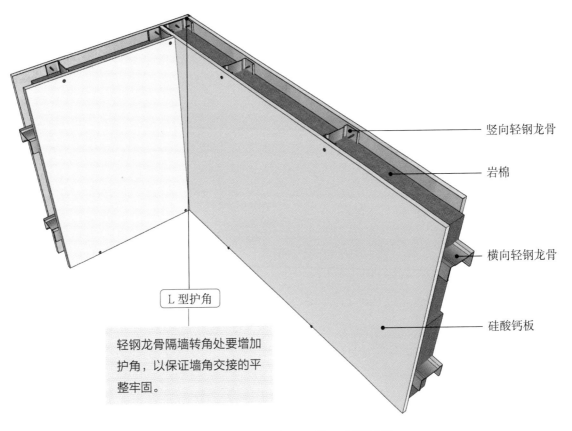

竖向轻钢龙骨

岩棉

横向轻钢龙骨

硅酸钙板

L 型护角

轻钢龙骨隔墙转角处要增加护角，以保证墙角交接的平整牢固。

轻钢龙骨隔墙（顶部转角）三维示意图解析

工艺解析

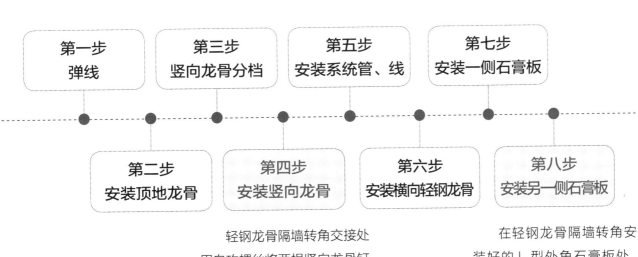

| 第一步 弹线 | 第三步 竖向龙骨分档 | 第五步 安装系统管、线 | 第七步 安装一侧石膏板 |

| 第二步 安装顶地龙骨 | 第四步 安装竖向龙骨 | 第六步 安装横向轻钢龙骨 | 第八步 安装另一侧石膏板 |

轻钢龙骨隔墙转角交接处用自攻螺丝将两根竖向龙骨钉在内侧相交的石膏板上。

在轻钢龙骨隔墙转角安装好的 L 型外角石膏板处，为保证拐角墙面连接的稳定性，在外角处用自攻螺丝固定一个 L 型护角。

►► **轻钢龙骨隔墙（底部转角）**

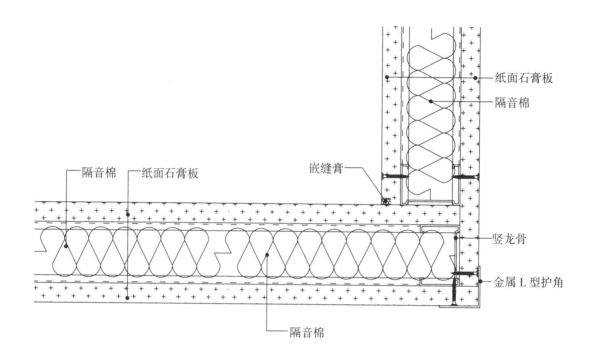

轻钢龙骨隔墙（底部转角）节点图

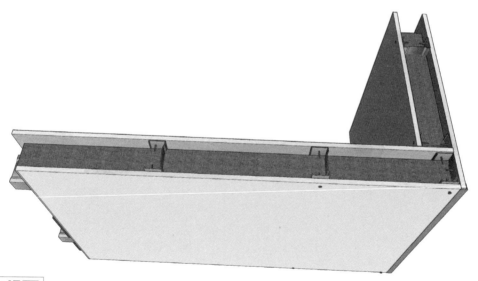

轻钢龙骨隔墙（底部转角）三维示意图

扫／码／观／看
"轻钢龙骨隔墙（底部转角）"三维节点动图

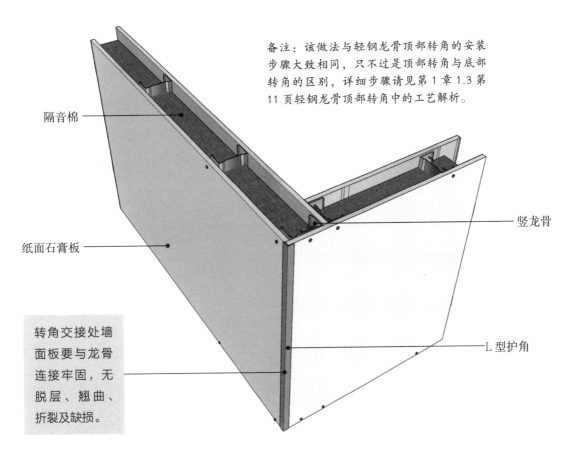

隔音棉

备注：该做法与轻钢龙骨顶部转角的安装
步骤大致相同，只不过是顶部转角与底部
转角的区别，详细步骤请见第 1 章 1.3 第
11 页轻钢龙骨顶部转角中的工艺解析。

竖龙骨

纸面石膏板

L 型护角

转角交接处墙
面板要与龙骨
连接牢固，无
脱层、翘曲、
折裂及缺损。

轻钢龙骨隔墙（底部转角）三维示意图解析

/ 龙骨的类型 /

龙骨是吊顶和制作轻体隔墙不可缺少的材料，在家装中具有不可替代的地位。家装中最常使用的有轻钢龙骨和木龙骨，前者的性能优于后者，但有些工程中木龙骨无法用轻钢龙骨取代，如铺设地板的龙骨，根据工程选择合适的类型很重要。

① 轻钢龙骨：轻钢龙骨是以优质的连续热镀锌板带为原材料，经冷弯工艺轧制而成的建筑用金属骨架。与木龙骨相比，更耐腐蚀，不受潮，不易变形，家装中也逐渐替代木龙骨。

② 木龙骨：最原始的吊顶材料，现在仍被广泛使用。木龙骨的缺点是容易受到虫蛀，需要进行防火、防潮处理；购买的材料如果质量不好，很容易变形。木龙骨的优点是施工简单，容易造型，握钉能力强，建议使用在吊顶、石膏板隔墙、地板骨架等部位。

轻钢龙骨隔墙的性能稳定，伸缩率小，
可以自由地设置变形缝，作为转角墙面
可以减少发生轻微位移的可能性。

轻钢龙骨隔墙（转角）实景效果图

1.4
轻钢龙骨石膏板导向墙隔墙

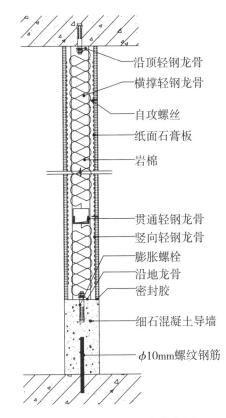

沿顶轻钢龙骨
横撑轻钢龙骨
自攻螺丝
纸面石膏板
岩棉

贯通轻钢龙骨
竖向轻钢龙骨
膨胀螺栓
沿地龙骨
密封胶

细石混凝土导墙

ϕ10mm螺纹钢筋

轻钢龙骨石膏板导向墙隔墙节点图

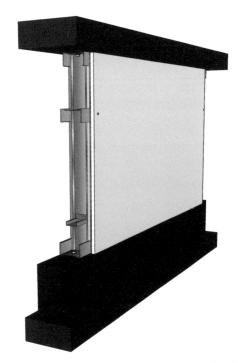

轻钢龙骨石膏板导向墙隔墙三维示意图

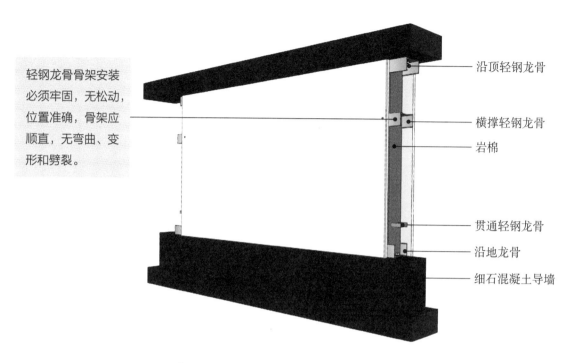

轻钢龙骨骨架安装必须牢固，无松动，位置准确，骨架应顺直，无弯曲、变形和劈裂。

沿顶轻钢龙骨

横撑轻钢龙骨

岩棉

贯通轻钢龙骨

沿地龙骨

细石混凝土导墙

轻钢龙骨石膏板导向墙隔墙三维示意图解析

工艺解析

| 第一步 弹线 | 第三步 安装顶地龙骨 | 第五步 安装竖向龙骨 | 第七步 安装横向轻钢龙骨 | 第九步 安装两侧石膏板 |

| 第二步 现浇混凝土导墙 | 第四步 竖向龙骨分档 | 第六步 安装系统管、线 | 第八步 安装门洞口框 |

所有轻钢龙骨隔断下部楼板处现浇细石混凝土导墙，墙角点、端点处必须设钢筋。

轻钢龙骨石膏板隔墙作为室内隔墙时，最常见的就是刷上白色的乳胶漆，便可以简单、方便地营造出明亮干净的家居氛围。

轻钢龙骨石膏板导向墙隔墙实景效果图

1.5
轻钢龙骨曲面墙

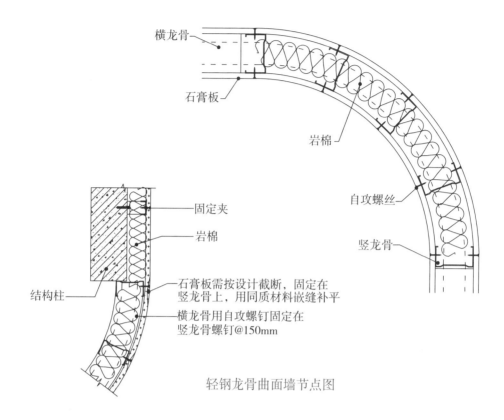

横龙骨

石膏板

岩棉

自攻螺丝

竖龙骨

固定夹

岩棉

结构柱

石膏板需按设计截断，固定在
竖龙骨上，用同质材料嵌缝补平

横龙骨用自攻螺钉固定在
竖龙骨螺钉@150mm

轻钢龙骨曲面墙节点图

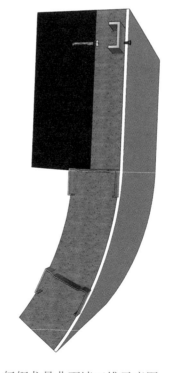

轻钢龙骨曲面墙三维示意图

扫／码／观／看
"轻钢龙骨曲面墙"三维
节点动图

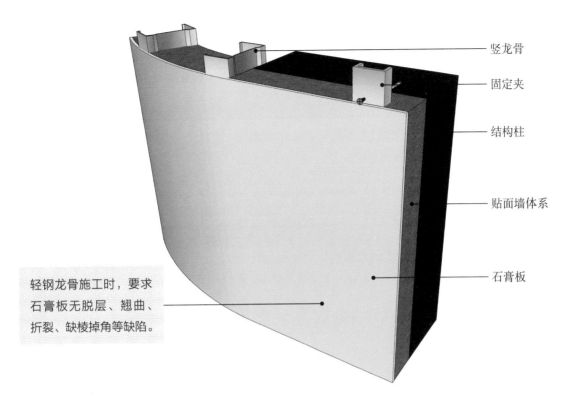

竖龙骨

固定夹

结构柱

贴面墙体系

石膏板

轻钢龙骨施工时，要求石膏板无脱层、翘曲、折裂、缺棱掉角等缺陷。

轻钢龙骨曲面墙三维示意图解析

工艺解析

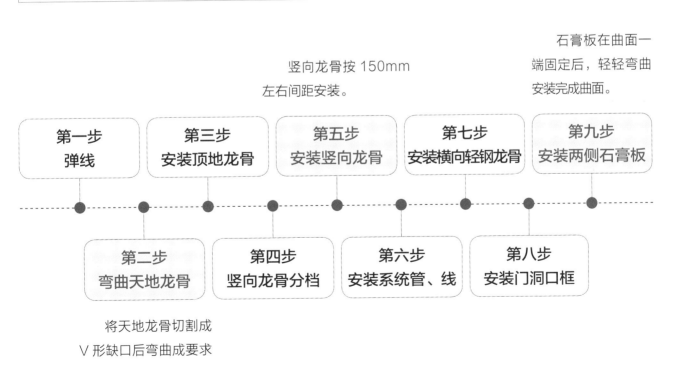

竖向龙骨按 150mm 左右间距安装。

石膏板在曲面一端固定后，轻轻弯曲安装完成曲面。

| 第一步 弹线 | 第三步 安装顶地龙骨 | 第五步 安装竖向龙骨 | 第七步 安装横向轻钢龙骨 | 第九步 安装两侧石膏板 |

| 第二步 弯曲天地龙骨 | 第四步 竖向龙骨分档 | 第六步 安装系统管、线 | 第八步 安装门洞口框 |

将天地龙骨切割成 V 形缺口后弯曲成要求弧度。

独特的曲面墙不仅可以划分空间，还能独立存在而不干扰外部结构。

轻钢龙骨曲面墙实景效果图

1.6
轻体砌块隔墙

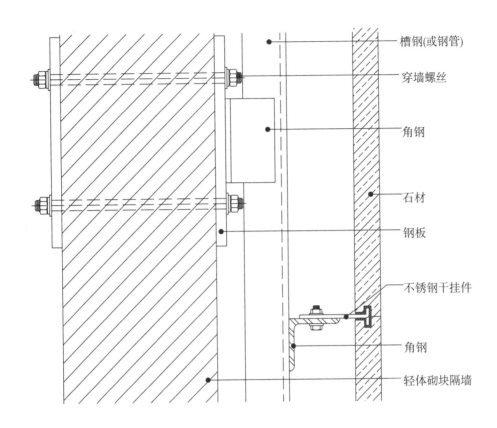

槽钢(或钢管)

穿墙螺丝

角钢

石材

钢板

不锈钢干挂件

角钢

轻体砌块隔墙

轻体砌块隔墙节点图

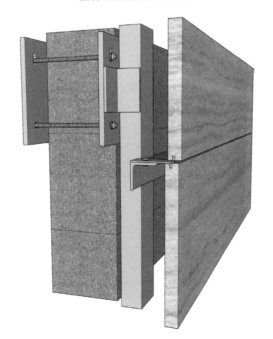

轻体砌块隔墙三维示意图

扫 / 码 / 观 / 看
"轻体砌块隔墙"三维节
点动图

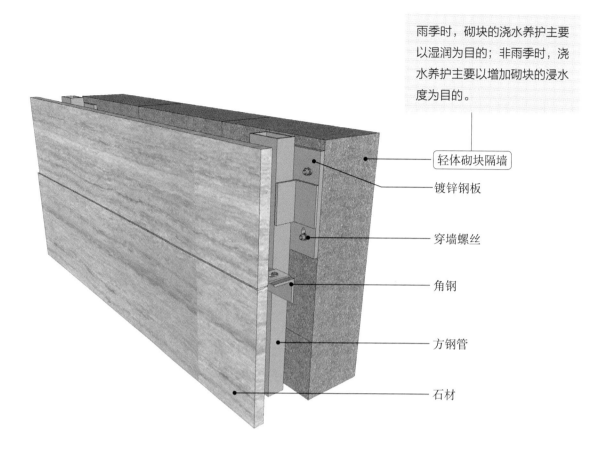

雨季时，砌块的浇水养护主要以湿润为目的；非雨季时，浇水养护主要以增加砌块的浸水度为目的。

轻体砌块隔墙

镀锌钢板

穿墙螺丝

角钢

方钢管

石材

轻体砌块隔墙三维示意图解析

────────── / 轻体砌块的主要特点 / ──────────

① 质轻：轻体砌块的容重是普通混凝土的 1/4，黏土砖的 1/3，空心砖的 1/2，与木料容重相似，可以漂浮于水面，可以有效地减轻建筑物的自重。

② 防火：轻体砌块为 A 级不燃体的耐火材料，耐火 700℃，厚度为 100mm 的墙体耐火性能可达 225 分钟，厚度为 200mm 的墙体耐火性能可达 480 分钟。

③ 隔音：轻体砌块的多孔结构时期具有良好的吸声、隔热的功能，10mm 厚的墙体吸声隔音的效果可达 41 分贝。

④ 保温：由于轻体砌块内部是微孔结构，它的保温效果较好，导热系数为黏土砖的 1/4 至 1/5。

⑤ 抗渗：由于轻体砌块内部有许多独立的小气孔，吸水渗透缓慢，在同等体积的水吸水饱和所需的时间接近黏土砖的 5 倍。因此常用于卫生间。

⑥ 环保：轻体砌块在制造、运输和使用的过程中均无污染，节能降耗的同时可以保护耕地，属于一种绿色的建材。

工艺解析

第一步：砌块浇水湿润

在砌筑施工的前一天，在新砌墙体和原结构接触处，需浇水湿润，以确保砌块的粘接牢固度，应用水管对砌块浇水湿润。

第二步：挂线

在预计施工的区域设置垂直和水平的基准线，确保砖砌过程中不会发生倾斜。

第三步：墙体拉结钢筋

新旧墙体之间必须剔除旧墙的粉刷层不少于20cm，通铺钢网。新旧墙体间的拉结钢筋不少于50cm，插入旧墙体不低于15cm。

第四步：砌筑墙体

砌砖宜采用"一铲灰、一块砖、一挤揉"的"三一"砌砖法，即"满铺满挤"操作法。砌砖一定要按照"上跟线、下跟棱，左右相邻要对平"的方法砌筑。

第五步：安装门洞过梁

新砌墙体的门洞必须使用预制过梁或者内置钢筋的现浇过梁。过梁与墙体的搭接长度不得小于150mm，以200mm为宜，以确保不会因为门头下沉造成门闭合不畅。

第六步：轻体砌块与其他结构的连接

使用穿墙螺钉对槽钢或方钢管进行连接，轻体砌块与楼板地面通过槽钢与螺钉进行固定，外挂的石材板面的连接则需通过间隔的角钢及不锈钢挂件来实现。

橱柜也最好不要悬挂在轻体砌块隔墙上，但对于已铺贴
瓷砖的轻体砌块隔墙，由于水泥能增强墙体的承重能力，
即使不做特殊处理，也可将橱柜悬挂在墙上。

轻体砌块隔墙实景效果图

1.7
轻质墙

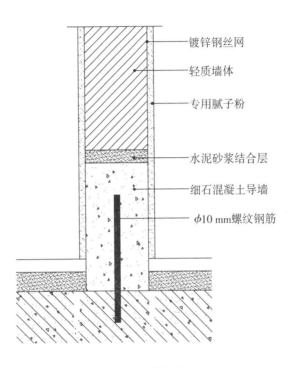

镀锌钢丝网

轻质墙体

专用腻子粉

水泥砂浆结合层

细石混凝土导墙

$\phi10\ mm$螺纹钢筋

轻质墙节点图

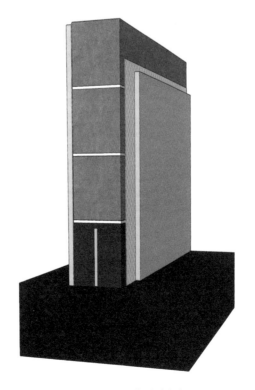

轻质墙三维示意图

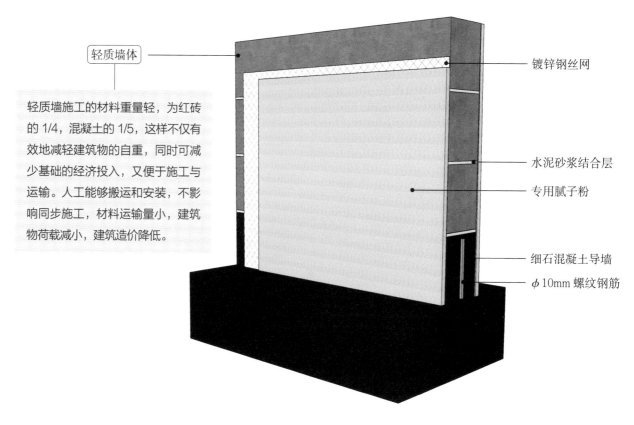

轻质墙体

轻质墙施工的材料重量轻，为红砖的 1/4，混凝土的 1/5，这样不仅有效地减轻建筑物的自重，同时可减少基础的经济投入，又便于施工与运输。人工能够搬运和安装，不影响同步施工，材料运输量小，建筑物荷载减小，建筑造价降低。

镀锌钢丝网

水泥砂浆结合层

专用腻子粉

细石混凝土导墙

ϕ 10mm 螺纹钢筋

轻质墙三维示意图解析

/ 轻质墙的优势 /

① 扩大房屋空间

轻质墙分为内墙和外墙，内墙的隔墙板可以充分地扩大房屋的空间。

② 整体性好

由于轻质墙是装配式施工，其本身也是三合一结构，板与板连接成整体，抗冲击性强，用钢结构的方法锚固后墙体强度增高，因此可做层高和跨度大的间隔墙体，复合墙板结合紧密，整体抗震性能优越。

③ 防潮防水

轻质墙在不做任何防水饰面的情况下，其背面能保持干燥、不留痕迹，在潮湿天气里也不会出现冷凝的水珠，可适用于厨房、卫生间、地下室等潮湿区域。

④ 轻质经济

作为一种新型的节能材料墙板，由无害化磷石膏、轻质钢渣、粉煤灰等多种工业废渣组成，经蒸汽加压养护而成，重量只有实心砖墙的 1/8，强度则达到了 C30 混凝土，节约了 15%~20% 的墙体成本，提高了 3~5 倍的施工功效。

工艺解析

第一步：计算用量，切割隔墙板

轻质墙的宽度在 600mm~1200mm 之间，长度在 2500mm~4000mm 之间。根据所购买的隔墙板的尺寸，预排列在墙面中，计算用量，多余的部分使用手持电锯切割。

第二步：定位，放线

使用卷尺测量轻质隔墙板的厚度。常见的隔墙板厚度有 90mm、120mm、150mm 三种规格。在砌筑轻质隔墙板的轴线上弹线，按照隔墙板厚度弹双线，分别固定在上下端。

第三步：现浇混凝导墙

轻质墙隔断下部楼板处现浇 C20 的细混凝土导墙，墙交点和端点处设钢筋，门洞口每侧设置两根，绑扎钢筋线将导墙位置处原结构楼板人工凿毛，再进行混凝土导墙的施工。

第四步：挂网

轻质墙体与结构材料结合的部位，需要加设 30cm 宽镀锌钢丝网，预埋管线部位最好也铺设钢丝网，以避免开裂。

第五步：固定轻质隔墙板

将条板侧抬至梁、板底面弹有安装线的位置，将粘接面准备好的水泥砂浆全部涂抹，两侧做八字角。竖立隔墙板，挤出胶浆，板面找平、找直，安装好第一块条板后，检查接缝缝隙大小，将挤出的水泥砂浆补齐刮平，按第一块板的方法开始安装整墙条板。

第六步：粉刷墙壁腻子

处理完墙面基层，用专用粉刷腻子粉刷墙壁，用细砂纸打磨墙面，打磨后清灰，均匀涂刷底漆，确保整面墙的平整性，刷表层漆。

轻质墙材料的热导率不需要安附隔热材料即能
达到国家标准要求，可大大降低冷暖空调的使
用频率，作为室内的隔墙时，可以为居民提供
更为舒适的居住环境。

轻质墙实景效果图

2

墙漆涂料类墙面节点

墙漆涂料作为建筑墙面的装饰和保护，可以使建筑墙面更加美观、整洁，并延长建筑墙面的寿命。墙面的涂料主要包括内墙涂料和外墙涂料，本章节主要就家装隔墙的涂料——内墙涂料进行解说，内墙涂料主要包括水溶性材料和树脂乳液涂料。其中树脂乳液涂料，即内墙乳胶漆作为近些年来发展的方向，将于本章着重进行说明。

内墙乳胶漆，由合成树脂乳液加颜料、填料、助剂以及水混合制成。乳胶漆因为是以水为分散的介质，所以具有安全无毒、不污染环境的特性，属于环境友好型的涂料。乳胶漆作为室内装饰装修中最常用到的墙面装饰材料，也因为其施工方便、覆盖力强和色彩丰富等特点受到广大业主的青睐，成为家装中使用频率最高的墙面涂料。

2.1
加气砌块基层乳胶漆墙面

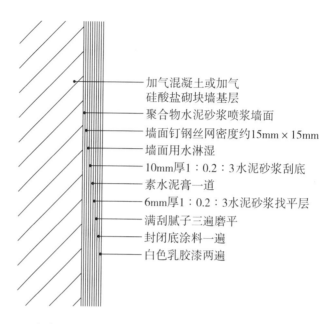

加气混凝土或加气
硅酸盐砌块墙基层

聚合物水泥砂浆喷浆墙面

墙面钉钢丝网密度约15mm×15mm

墙面用水淋湿

10mm厚1:0.2:3水泥砂浆刮底

素水泥膏一道

6mm厚1:0.2:3水泥砂浆找平层

满刮腻子三遍磨平

封闭底涂料一遍

白色乳胶漆两遍

加气砌块基层乳胶漆墙面节点图

扫 / 码 / 观 / 看
"加气砌块基层乳胶漆墙
面"三维节点动图

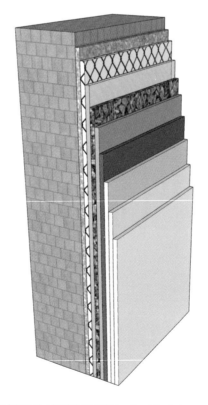

加气砌块基层乳胶漆墙面三维示意图

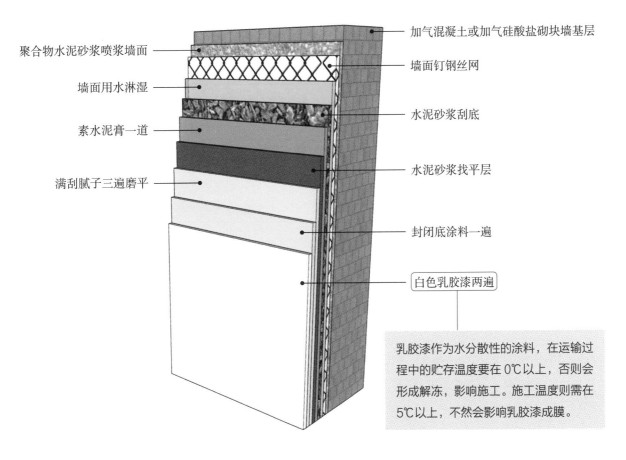

聚合物水泥砂浆喷浆墙面

墙面用水淋湿

素水泥膏一道

满刮腻子三遍磨平

加气混凝土或加气硅酸盐砌块墙基层

墙面钉钢丝网

水泥砂浆刮底

水泥砂浆找平层

封闭底涂料一遍

白色乳胶漆两遍

乳胶漆作为水分散性的涂料，在运输过程中的贮存温度要在 0℃以上，否则会形成解冻，影响施工。施工温度则需在5℃以上，不然会影响乳胶漆成膜。

加气砌块基层乳胶漆墙面三维示意图解析

/ 乳胶漆的类型 /

有光漆

特点：色泽纯正、光泽柔和。漆膜坚韧、附着力强、干燥快。防霉耐水，耐候性好、遮盖力高

丝光漆

特点：涂膜平整光滑、质感细腻，高遮盖力、强附着力，可洗刷，光泽持久。极佳抗菌及防霉性能，优良的耐水耐碱性能

亚光漆

特点：无毒、无味。较高的遮盖力、良好的耐洗刷性。附着力强、耐碱性好，流平性好

亮光漆

特点：卓越的遮盖力，坚固美观，光亮如瓷。很高的附着力，高防霉抗菌性能。耐洗刷、涂膜耐久且不易剥，坚韧牢固

工艺解析

第一步：基层处理

确保墙面坚实、平整，清理墙面使水泥墙面尽量无浮土、浮尘。在墙面上辊一遍混凝土界面剂，尽量均匀，待其干燥（一般在2h以上）。同时对墙面阴阳角进行处理，保证阴阳角的垂直方正。

第二步：挂网

将聚合物水泥砂浆喷浆喷涂在加气混凝土或加气硅酸盐砌块墙基层上为挂网做好准备，待其干透后再用墙面钉将密度为15mm×15mm的钢丝网钉在墙面上，用水淋湿并用比例为1：0.2：3的水泥砂浆进行刮底，并涂刷一道素水泥膏光滑表面。

第三步：满刮腻子

一般墙面刮两遍腻子即可。平整度较差的腻子需要在局部多刮几遍。如果平整度极差，可考虑先刮一遍6mm厚的水泥：水：砂的比例为1：0.2：3的水泥砂浆进行找平，然后再刮腻子。每遍腻子批刮的间隔时间应在表面干透后。当腻子干燥后，用砂纸将腻子磨光，然后将墙面清扫干净。

第四步：打磨腻子

耐水腻子完全凝实之后（5~7天）会变得坚实无比，此时再进行打磨就会变得异常困难。因此，建议刮过腻子之后1~2天便开始进行腻子打磨。打磨可选在夜间，用200W以上的电灯泡贴近墙面照明，一边打磨一边查看平整程度。

第五步：涂刷封闭底涂料

封闭底涂料涂刷一遍即可，务必均匀，待其干透后可以进行下一步骤。涂刷每面墙面宜按先左后右、先上后下、先难后易、先边后面的顺序进行，避免漏涂或涂刷过厚、涂料不均匀等。通常情况下用排笔涂刷，使用新排笔时要注意将活动的毛笔清理干净。

第六步：涂刷乳胶漆

乳胶漆通常要刷两遍，每遍之间的时间应视其表面干透时间而定，第二遍乳胶漆刷完干透前应注意防水、防旱、防晒，以及防止漆膜出现问题。乳胶漆的漆膜干燥快，所以应连续迅速操作，逐渐涂刷向另一边。一定要注意上下顺刷、互相衔接，避免出现接槎明显的问题。

加气砌块墙体乳胶漆墙面的配色较为灵活，装修完后如果施工方保留了相应的有色漆，就可以在补色时省去重新调色和色卡的额外支出。

加气砌块基层乳胶漆墙面实景效果图

2.2

卡式龙骨基层乳胶漆墙面

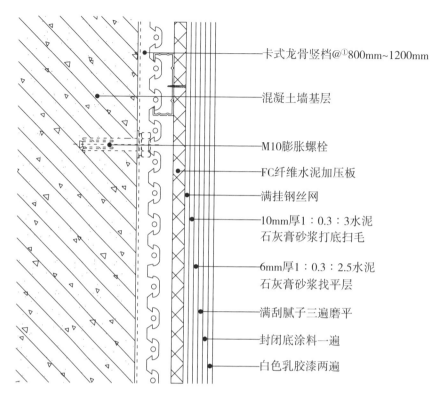

卡式龙骨竖档@①800mm~1200mm

混凝土墙基层

M10膨胀螺栓

FC纤维水泥加压板

满挂钢丝网

10mm厚1:0.3:3水泥
石灰膏砂浆打底扫毛

6mm厚1:0.3:2.5水泥
石灰膏砂浆找平层

满刮腻子三遍磨平

封闭底涂料一遍

白色乳胶漆两遍

卡式龙骨基层乳胶漆墙面节点图

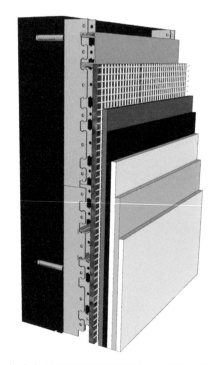

扫 / 码 / 观 / 看
"卡式龙骨基层乳胶漆墙
面"三维节点动图

卡式龙骨基层乳胶漆墙面三维示意图

注：① @ 表示卡式龙骨竖档安装的间距，即卡式龙骨竖档以 800mm~1200mm 进行安装。

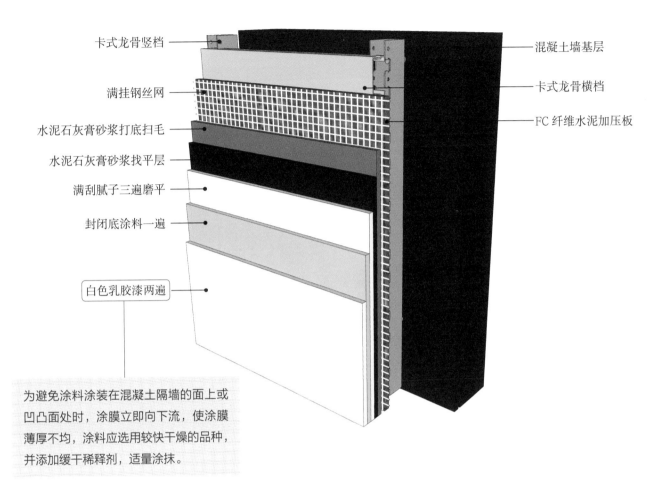

卡式龙骨竖档

满挂钢丝网

水泥石灰膏砂浆打底扫毛

水泥石灰膏砂浆找平层

满刮腻子三遍磨平

封闭底涂料一遍

白色乳胶漆两遍

混凝土墙基层

卡式龙骨横档

FC 纤维水泥加压板

为避免涂料涂装在混凝土隔墙的面上或凹凸面处时，涂膜立即向下流，使涂膜薄厚不均，涂料应选用较快干燥的品种，并添加缓干稀释剂，适量涂抹。

卡式龙骨基层乳胶漆墙面三维示意图解析

/ 面漆喷涂方式 /

① 纵行喷涂法

使喷枪嘴两侧的小孔与出漆孔呈垂直线，从被涂物左上方向下呈直角移动，之后向上喷，并使得喷出的漆压住前一次喷涂宽度的 1/3，按照上述方式反复喷涂。

② 横行喷涂法

喷嘴两侧小孔下与出漆孔呈水平线，从被涂物右上角向左移动，喷涂到左端后随即往回喷，同样要压住前一次喷涂宽度的 1/3，依次进行喷涂，较适合大面积喷涂的情况。

工艺解析

第一步：固定龙骨

用膨胀螺栓将卡式龙骨固定在墙面上，将 U 型轻钢龙骨与卡式龙骨卡槽连接固定，U 型轻钢龙骨之间的间距为 300mm。

第二步：基层处理

用自攻螺丝将 FC 纤维水泥加压板与 U 型轻钢龙骨固定，满挂钢丝网，用 10mm 厚的水泥：水：砂的比例为 1：0.2：3 的水泥砂浆进行打底扫毛，在水泥面达到一定强度后，再用水泥：水：砂的比例为 1：0.2：3 的水泥砂浆进行找平。

第三步：满刮腻子

腻子一般要满批 2~3 遍，墙面的批刮方式一般是上下左右直刮，要刮得方正平整，与其他平面的连接处要整齐、清洁，孔洞处和缝隙处的腻子要压平实，嵌得饱满，但不能高出基层表面，待腻子干透后，使用砂纸将高出的和较为粗糙的地方打磨平整。

第四步：刷封闭底涂料

刷封闭底涂料的方法可采用刷涂、滚涂、喷涂等方式，操作应连续、迅速，一次刷完，待干燥后进行找平、修补、打磨。

第五步：刷乳胶漆

乳胶漆的涂刷方式不仅可以采用人工滚涂的方式，滚涂需循序渐进。也可以采用机械喷涂，喷涂的效果要比滚涂的效果更好，墙面更加光滑细致，白色乳胶漆需涂刷两次。

混凝土隔墙乳胶漆的浅色墙面如若出现破
损现象，可以直接涂刷修补，十分方便。

卡式龙骨基层乳胶漆墙面实景效果图

2.3
轻钢龙骨基层乳胶漆墙面

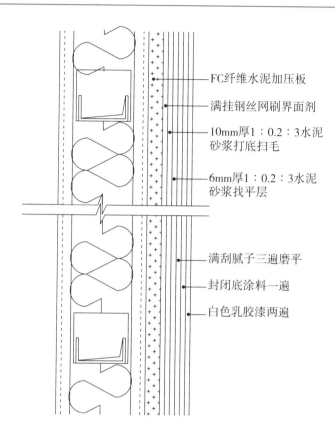

- FC纤维水泥加压板
- 满挂钢丝网刷界面剂
- 10mm厚1：0.2：3水泥砂浆打底扫毛
- 6mm厚1：0.2：3水泥砂浆找平层
- 满刮腻子三遍磨平
- 封闭底涂料一遍
- 白色乳胶漆两遍

轻钢龙骨基层乳胶漆墙面节点图

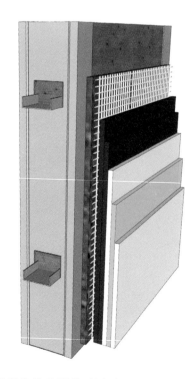

扫 / 码 / 观 / 看
"轻钢龙骨基层乳胶漆墙面"三维节点动图

轻钢龙骨基层乳胶漆墙面三维示意图

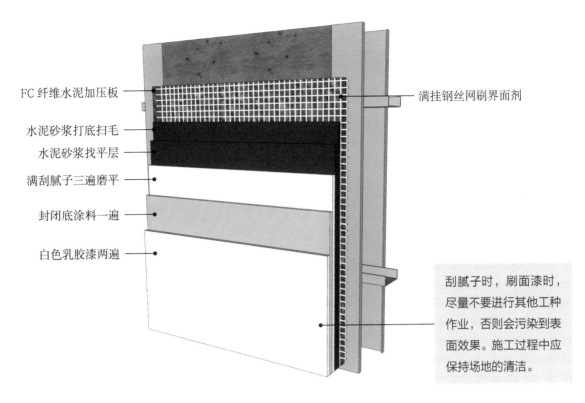

FC 纤维水泥加压板

满挂钢丝网刷界面剂

水泥砂浆打底扫毛

水泥砂浆找平层

满刮腻子三遍磨平

封闭底涂料一遍

白色乳胶漆两遍

刮腻子时，刷面漆时，尽量不要进行其他工种作业，否则会污染到表面效果。施工过程中应保持场地的清洁。

轻钢龙骨基层乳胶漆墙面三维示意图解析

工艺解析

用抽芯铆钉对已准确定位的 Q75 竖向龙骨以 300mm 的间距进行固定，竖龙骨安装完用支撑卡将 Q38 穿心龙骨与竖龙骨连接，并用自攻螺钉将纸面石膏板固定在竖向龙骨上作为基层。

为增强腻子和基层材料的吸附力，应涂刷界面剂，避免出现空鼓、剥落、开裂等问题。

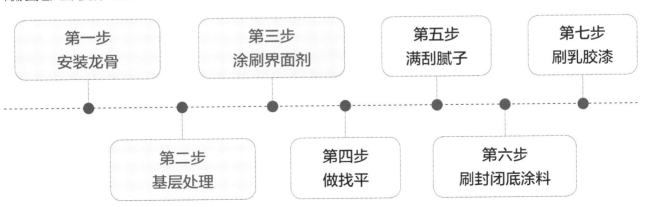

第一步
安装龙骨

第二步
基层处理

第三步
涂刷界面剂

第四步
做找平

第五步
满刮腻子

第六步
刷封闭底涂料

第七步
刷乳胶漆

用自攻螺钉将 FC 纤维水泥加压板固定在竖向龙骨上作为基层。

乳胶漆无毒无味，彻底解决了漆刷过程中有机溶剂毒性气体的挥发问题，杜绝了火灾的危险，因而在家装中被广泛采用。

轻钢龙骨基层乳胶漆墙面实景效果图

2.4
纸面石膏板基层乳胶漆墙面

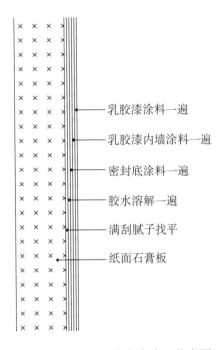

纸面石膏板基层乳胶漆墙面节点图

- 乳胶漆涂料一遍
- 乳胶漆内墙涂料一遍
- 密封底涂料一遍
- 胶水溶解一遍
- 满刮腻子找平
- 纸面石膏板

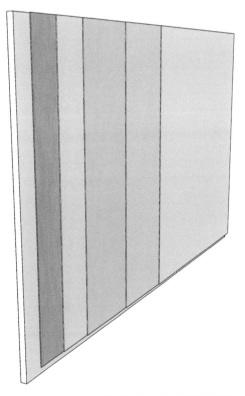

纸面石膏板基层乳胶漆墙面三维示意图

扫 / 码 / 观 / 看
"纸面石膏板基层乳胶漆
墙面"三维节点动图

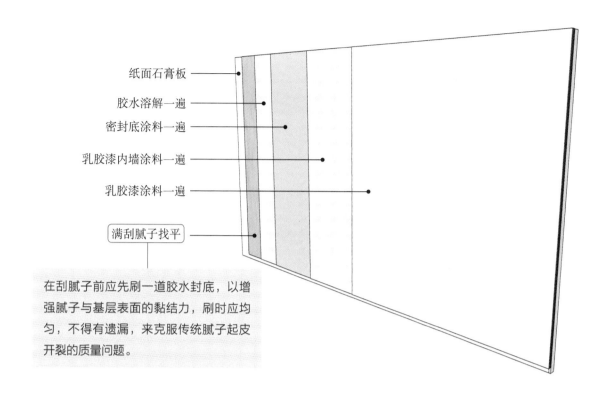

纸面石膏板

胶水溶解一遍

密封底涂料一遍

乳胶漆内墙涂料一遍

乳胶漆涂料一遍

满刮腻子找平

在刮腻子前应先刷一道胶水封底，以增强腻子与基层表面的黏结力，刷时应均匀，不得有遗漏，来克服传统腻子起皮开裂的质量问题。

纸面石膏板基层乳胶漆墙面三维示意图解析

工艺解析

隔墙处有门洞口，从洞口开始安装，无门洞口则从墙的一端开始，用自攻螺钉将纸面石膏板与墙体固定。

在刷涂底漆及面漆前，先刷一道胶水以增加乳胶漆与基层表面的黏结力，涂刷时应均匀，避免出现遗漏的情况。

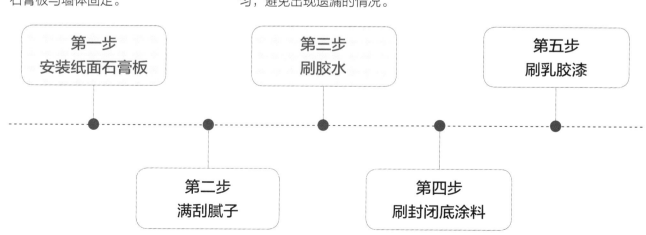

第一步
安装纸面石膏板

第三步
刷胶水

第五步
刷乳胶漆

第二步
满刮腻子

第四步
刷封闭底涂料

乳胶漆的颜色可选范围比较宽泛，像这种清新的豆绿色涂料，搭配在客厅的墙上，往往可以让人感到放松、愉悦。

纸面石膏板基层乳胶漆墙面实景效果图

2.5
混凝土基层乳胶漆墙面

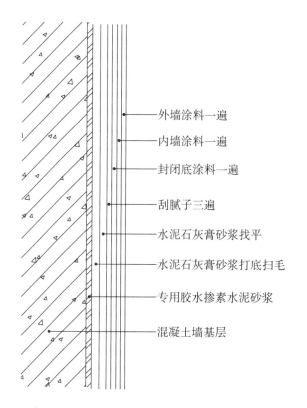

外墙涂料一遍

内墙涂料一遍

封闭底涂料一遍

刮腻子三遍

水泥石灰膏砂浆找平

水泥石灰膏砂浆打底扫毛

专用胶水掺素水泥砂浆

混凝土墙基层

混凝土基层乳胶漆墙面节点图

扫 / 码 / 观 / 看
"混凝土基层乳胶漆墙
面"三维节点动图

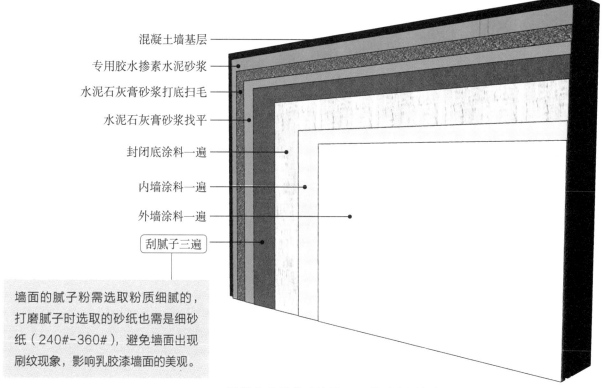

混凝土墙基层

专用胶水掺素水泥砂浆

水泥石灰膏砂浆打底扫毛

水泥石灰膏砂浆找平

封闭底涂料一遍

内墙涂料一遍

外墙涂料一遍

刮腻子三遍

墙面的腻子粉需选取粉质细腻的，
打磨腻子时选取的砂纸也需是细砂
纸（240#-360#），避免墙面出现
刷纹现象，影响乳胶漆墙面的美观。

混凝土基层乳胶漆墙面三维示意图解析

工艺解析

先用水泥石灰膏砂浆打底扫毛
并进行找平后，再刮腻子三遍。

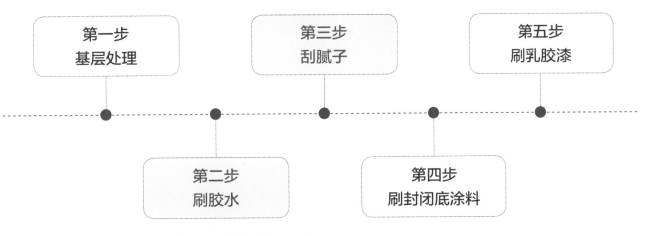

| 第一步 基层处理 | 第三步 刮腻子 | 第五步 刷乳胶漆 |
| 第二步 刷胶水 | 第四步 刷封闭底涂料 | |

专用胶水掺素水泥砂浆后，均
匀地涂抹在混凝土墙基层上。

混凝土基层乳胶漆墙面透气性好、耐碱性强，
因此涂层内外湿度相差较大时，不易起泡，
比较适合作为餐厅、厨房的隔墙。

混凝土基层乳胶漆墙面实景效果图

2.6
轻体砌块基层涂料墙面

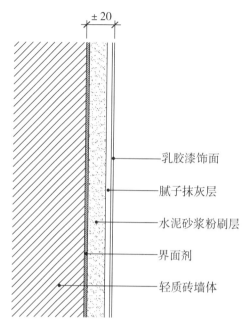

±20

乳胶漆饰面

腻子抹灰层

水泥砂浆粉刷层

界面剂

轻质砖墙体

单位：mm

轻体砌块基层涂料墙面节点图

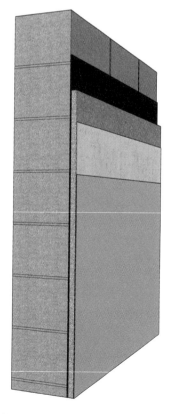

扫 / 码 / 观 / 看
"轻体砌块基层涂料墙
面"三维节点动图

轻体砌块基层涂料墙面三维示意图

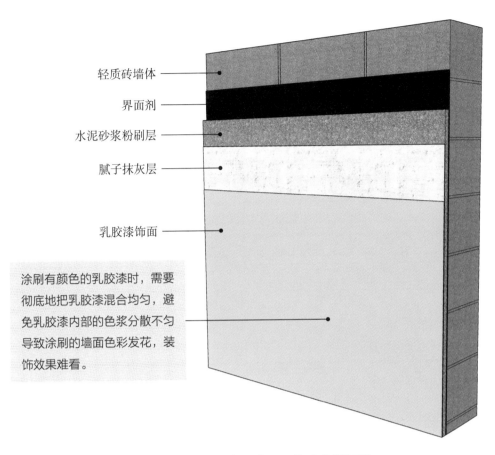

轻质砖墙体

界面剂

水泥砂浆粉刷层

腻子抹灰层

乳胶漆饰面

涂刷有颜色的乳胶漆时，需要
彻底地把乳胶漆混合均匀，避
免乳胶漆内部的色浆分散不匀
导致涂刷的墙面色彩发花，装
饰效果难看。

轻体砌块基层涂料墙面三维示意图解析

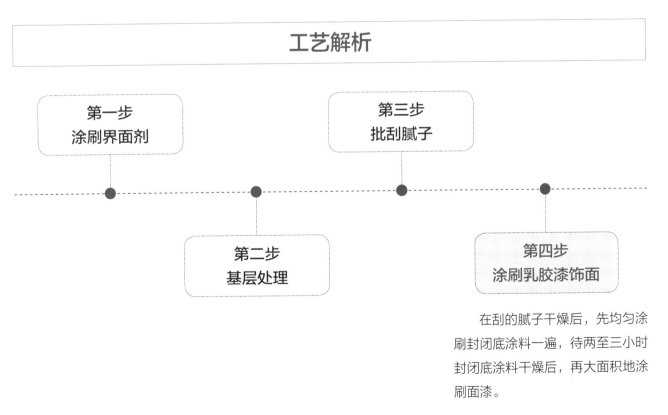

工艺解析

第一步
涂刷界面剂

第二步
基层处理

第三步
批刮腻子

第四步
涂刷乳胶漆饰面

在刮的腻子干燥后，先均匀涂
刷封闭底涂料一遍，待两至三小时
封闭底涂料干燥后，再大面积地涂
刷面漆。

乳胶漆的保色性、耐气候性好，大多
数外墙乳胶白漆，不容易泛黄，耐候
性可达 10 年以上，所以广泛运用为
客厅、卧室的墙面涂料。

轻体砌块基层涂料墙面实景效果图

3

人造装饰板类墙面节点

人造装饰板主要包括木质人造板、GRG/GRC 板以及陶板等。其中木质人造板因施工方便快捷及其自身所特有的材料优点经常被许多住宅家装选用，而 GRG/GRC 板作为经过特殊改良的石膏板，具有较强的抗冲击能力，且装饰性强，可以制成各种艺术造型，近些年来常被用于工商业的建筑中。

不同墙面安装人造装饰板的方法各有不同，根据施工工艺的不同大体分为两种，粘贴法和干挂法。粘贴法是指用胶或黏结剂将饰面板粘贴在基层板上固定；干挂法则指的是用角钢等金属挂件或连接件先固定在板面和墙面上的方法。这两种方法中，干挂法更为常见。

3.1
轻钢龙骨基层木饰面墙面

▶▶ 轻钢龙骨基层木饰面粘贴墙面

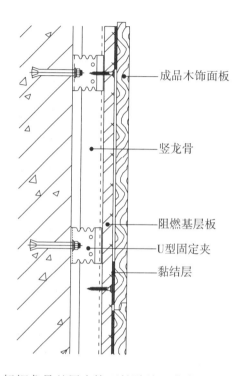

成品木饰面板

竖龙骨

阻燃基层板

U型固定夹

黏结层

轻钢龙骨基层木饰面粘贴墙面节点图

轻钢龙骨基层木饰面粘贴墙面三维示意图

扫 / 码 / 观 / 看
"轻钢龙骨基层木饰面粘
贴墙面"三维节点动图

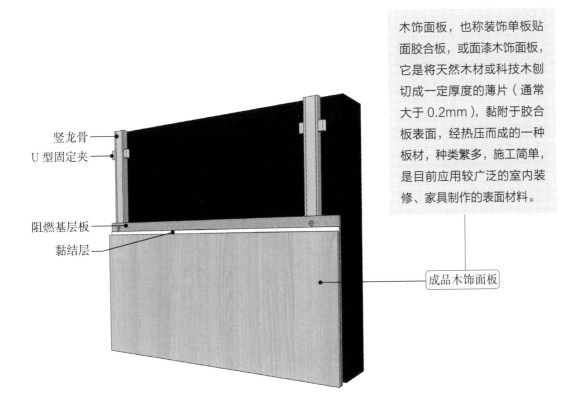

木饰面板，也称装饰单板贴面胶合板，或面漆木饰面板，它是将天然木材或科技木刨切成一定厚度的薄片（通常大于 0.2mm），黏附于胶合板表面，经热压而成的一种板材，种类繁多，施工简单，是目前应用较广泛的室内装修、家具制作的表面材料。

竖龙骨

U 型固定夹

阻燃基层板

黏结层

成品木饰面板

轻钢龙骨基层木饰面粘贴墙面三维示意图解析

/ 人造木饰面板的分类 /

胶合板

来源：木段或木方刨切的木皮或薄木

用途：墙壁、地板及家具基层

刨花板

来源：木材或其他木质纤维的碎料

用途：墙壁及家具基层，部分可饰面

密度板

来源：木质纤维或其他植物素纤维

用途：墙壁及家具基层

集成材

来源：天然木材的短小料

用途：墙壁及家具基层或饰面

工艺解析

第一步：定位弹线

按图纸的设计要求弹出隔墙的四周边线，同时按面板的长、宽分档，以确定竖向龙骨、横撑龙骨及附加龙骨的位置。如果原建筑基面有凹凸不平的现象，要进行处理，以保证龙骨安装后的平整度。

第二步：固定边龙骨

龙骨边线应与弹线重合。在 U 型沿地、沿顶龙骨与建筑基面的接触处，先铺设橡胶条、密封膏或沥青泡沫塑料条，再用射钉或金属膨胀螺栓沿地、沿顶龙骨固定，也可以采用预埋浸油木模的固定方式。

第三步：安装竖向龙骨

将 U 型龙骨套在 C 型龙骨的接缝处，用抽芯拉铆钉或自攻螺丝固定。边龙骨与墙体间也要先进行密封处理，再进行固定，最后安装横撑龙骨。

第四步：填充隔声材料

一般采用玻璃棉或岩棉板进行隔声、防火处理；采用苯板进行保温处理。填充材料应铺满、铺平。铺放墙体内的玻璃棉、岩棉板、苯板等填充材料，应与安装另一侧的纸面石膏板同时进行。

第五步：安装基层板

基层板进行阻燃处理，一般用 U 型固定夹将基层板与竖龙骨紧密贴合在一起，再用自攻螺钉进行固定，安装时从上往下或由中间向两头固定，为避免今后收缩变形，板与板拼接处应留3mm~5mm 的缝隙。

第六步：贴装饰面板

成品饰面板安装前需进行排板挑选，饰面板需表面色泽颜色相近、无明显结疤且纹路相通，在基层板和饰面板背面均匀涂刷万能胶。当胶水干燥到不粘手的程度后，将饰面板沿所弹墨线由一端向另一端慢慢压上，再用锤子垫木块由一端向另一端敲实。

木饰面墙面装饰性好，且具有一定的
吸音功能，但因其易燃易腐蚀的特性，
通常运用于客厅及卧室。

轻钢龙骨基层木饰面粘贴墙面实景效果图

▶▶ **轻钢龙骨基层木饰面挂板墙面**

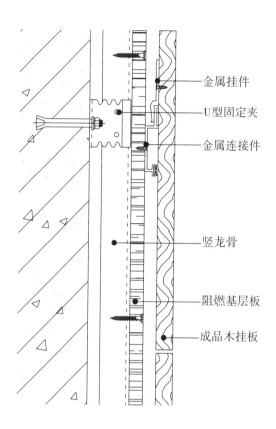

金属挂件

U型固定夹

金属连接件

竖龙骨

阻燃基层板

成品木挂板

轻钢龙骨基层木饰面挂板墙面节点图

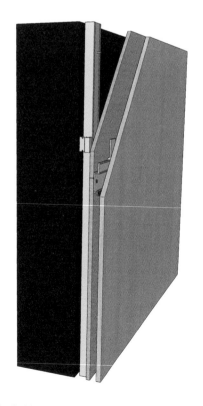

扫 / 码 / 观 / 看
"轻钢龙骨基层木饰面挂
板墙面"三维节点动图

轻钢龙骨基层木饰面挂板墙面三维示意图

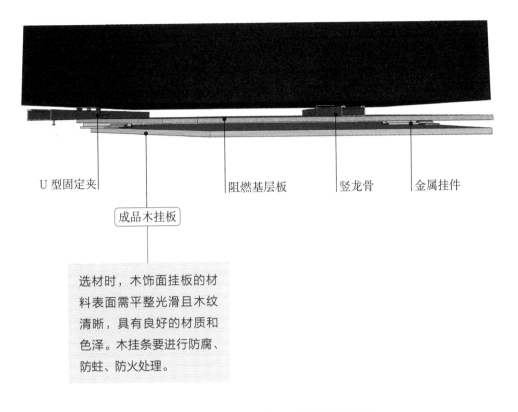

U 型固定夹　　　　　　阻燃基层板　　竖龙骨　　金属挂件

成品木挂板

选材时，木饰面挂板的材
料表面需平整光滑且木纹
清晰，具有良好的材质和
色泽。木挂条要进行防腐、
防蛀、防火处理。

轻钢龙骨基层木饰面挂板墙面三维示意图解析

工艺解析

选好的成品木挂板间以
3mm~5mm 的结构缝，用金
属挂件及金属连接件将其通过
干挂法直接吊挂或空挂于钢架
之上，不需再用胶水粘贴。

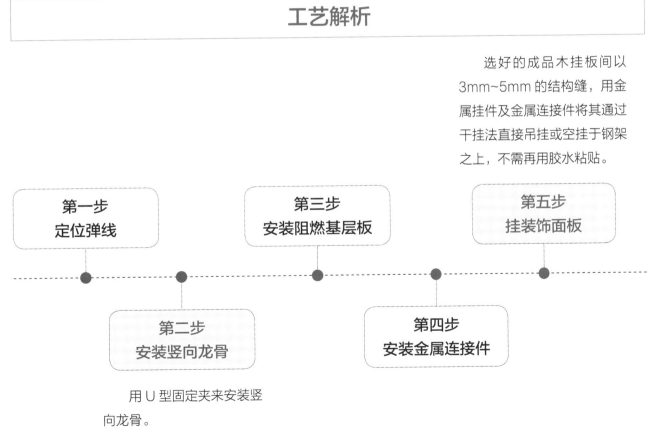

第一步
定位弹线

第三步
安装阻燃基层板

第五步
挂装饰面板

第二步
安装竖向龙骨

第四步
安装金属连接件

用 U 型固定夹来安装竖
向龙骨。

木饰面挂板最大的特点就是可以自由地进行拆卸及改装，
方便维修的同时，也避免了不确定性的应力集中导致的
板面变形的危险，提高了木饰面挂板的使用寿命。

轻钢龙骨基层木饰面挂板墙面实景效果图

3.2
木龙骨基层木饰面挂板墙面

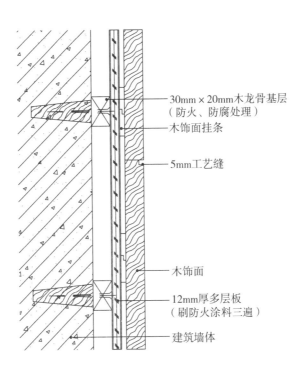

30mm×20mm木龙骨基层
（防火、防腐处理）

木饰面挂条

5mm工艺缝

木饰面

12mm厚多层板
（刷防火涂料三遍）

建筑墙体

木龙骨基层木饰面挂板墙面节点图

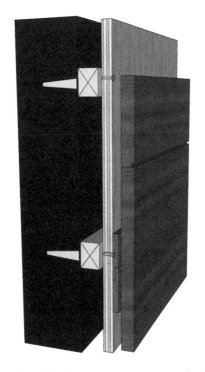

木龙骨基层木饰面挂板墙面三维示意图

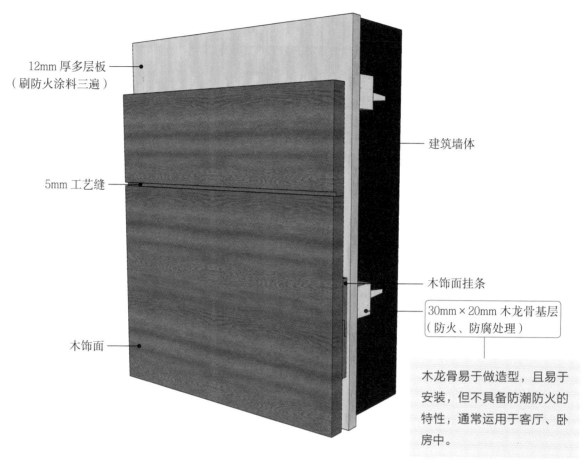

12mm 厚多层板
（刷防火涂料三遍）

5mm 工艺缝

木饰面

建筑墙体

木饰面挂条

30mm×20mm 木龙骨基层
（防火、防腐处理）

木龙骨易于做造型，且易于安装，但不具备防潮防火的特性，通常运用于客厅、卧房中。

木龙骨基层木饰面挂板墙面三维示意图解析

/ 木饰面的选购技巧 /

① 表面厚度

看贴面板的厚度程度，越厚的性能越好，油漆后实木感越真、色泽鲜明且饱和度越好。不选板的边缘有沙透、板面有渗胶且涂水后有泛青及透度现象的薄面板。

② 美观

选择纹理清晰、色泽协调的优面板。出现损伤面板规则的色差，或有变色、发黑、翘曲变形或者板质松软不挺拔、无法竖立的为劣质面板。

③ 选购

饰面板的特性使其质量问题需要一定的时间来显现，因此在选购饰面板时要看经销商的经营实力以及售后服务的保证。

工艺解析

第一步：定位弹线

根据设计图纸，在地面上弹出隔墙中心线和边线，同时弹出门窗洞口线，再弹出下槛龙骨安装基准线。施工前在地面上弹出隔断墙的宽度线与中心线，并标出门窗位置，找出施工的基准点和线，通常按一定的间距在地面、墙面和顶棚面打孔，预设浸油木砖或膨胀螺栓。

第二步：固定龙骨固定点

弹好定位线后，如结构施工时已预埋了锚件，则应检查锚件是否在墨线内。如锚件与墨线偏离较大，应在中心线上重新钻孔，打入防腐木模。门框边应单独设立筋固定点。隔墙顶部如未预埋锚件，则应在中心线上重新钻孔以固定上槛。

第三步：固定木龙骨

先安装靠墙立筋，再安装上、下槛。中间的竖向立筋之间的距离是根据罩面板材的宽度来决定的，要使罩面板材的两头都搭在立筋上，并胶钉牢固。横撑斜撑的安装应以横向龙骨为先，在龙骨安装的过程中，要同时将隔墙内的线路布好。

第四步：基层处理

经防火防腐处理的木龙骨距300mm用钢钉和木楔固定在混凝土墙体内，防火涂料三遍涂刷的12mm厚的多层板基层进行找平处理，并用钢钉将多层板与龙骨固定。木饰板挂条用枪钉与多层板固定，挂条背面刷胶与木饰面固定。

第五步：挂装木饰面

木骨架板材隔断墙的罩面板多采用胶合板、细木工板、中密度纤维板或石膏板等，其中需要填充符合设计要求的吸音、保温材料。安装成品木饰面时，应从中间开始向外依次胶钉，固定后面层涂刷清漆，并进行平整度的调整。

木饰面属于温度的不良导体，因此以木龙骨干挂木饰面墙面作为家装的隔墙时，可以产生冬暖夏凉的效果。

木龙骨基层木饰面挂板墙面实景效果图

3.3
卡式龙骨基层木饰面挂板墙面

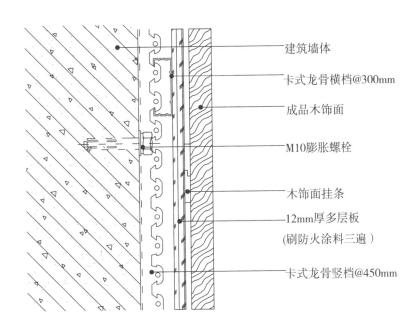

建筑墙体

卡式龙骨横档@300mm

成品木饰面

M10膨胀螺栓

木饰面挂条

12mm厚多层板
(刷防火涂料三遍)

卡式龙骨竖档@450mm

卡式龙骨基层木饰面挂板墙面节点图

扫 / 码 / 观 / 看
"卡式龙骨基层木饰面挂
板墙面"三维节点动图

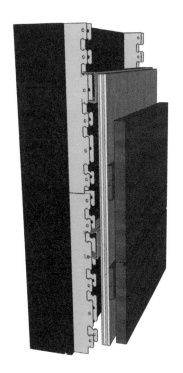

卡式龙骨基层木饰面挂板墙面三维示意图

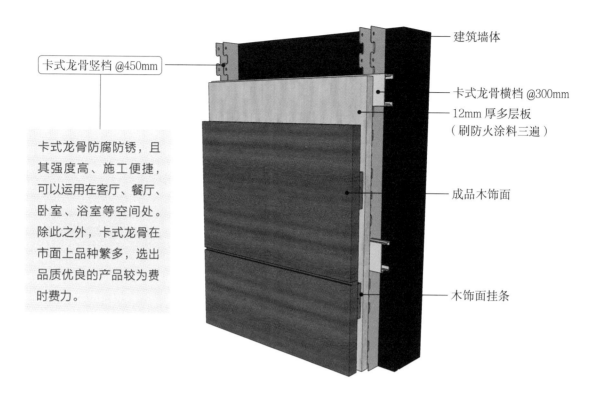

卡式龙骨竖档 @450mm

建筑墙体

卡式龙骨横档 @300mm

12mm 厚多层板
（刷防火涂料三遍）

成品木饰面

木饰面挂条

卡式龙骨防腐防锈，且其强度高、施工便捷，可以运用在客厅、餐厅、卧室、浴室等空间处。除此之外，卡式龙骨在市面上品种繁多，选出品质优良的产品较为费时费力。

卡式龙骨基层木饰面挂板墙面三维示意图解析

工艺解析

卡式龙骨横档以 450mm 的间距
与横档龙骨匹配的双向卡口部卡接后，
用自攻螺钉将多层板基板固定。

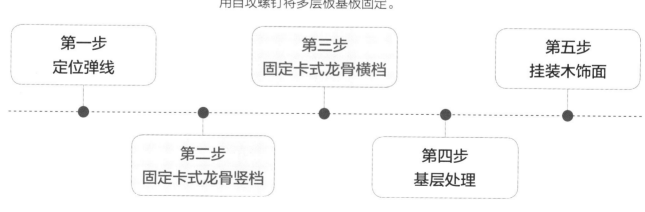

第一步
定位弹线

第三步
固定卡式龙骨横档

第五步
挂装木饰面

第二步
固定卡式龙骨竖档

第四步
基层处理

将卡式龙骨竖档以 300mm 的间
距，用膨胀螺栓固定在建筑墙体上。

墙面木饰面板表面经过加工处理后添加了一层天然实木的单板，从而达到了更为自然美观的纹理效果。

卡式龙骨基层木饰面挂板墙面实景效果图

3.4
陶板墙面

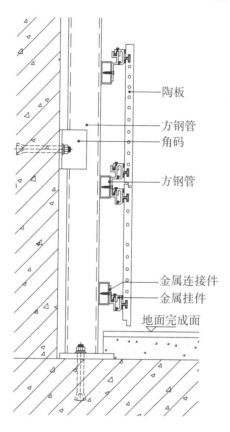

陶板

方钢管

角码

方钢管

金属连接件

金属挂件

地面完成面

陶板墙面节点图

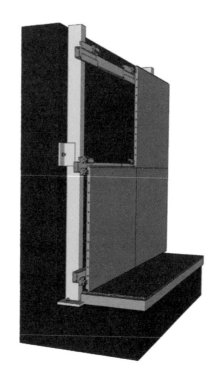

陶板墙面三维示意图

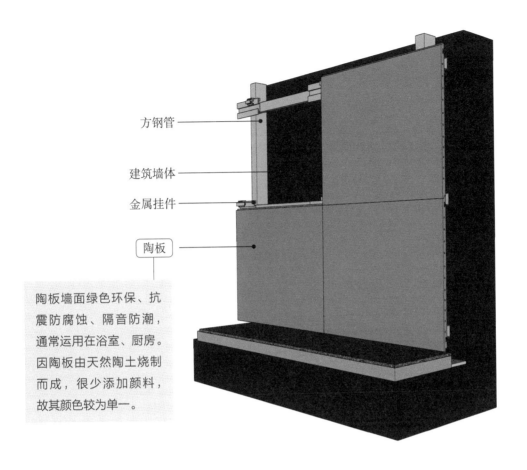

方钢管

建筑墙体

金属挂件

陶板

陶板墙面绿色环保、抗
震防腐蚀、隔音防潮，
通常运用在浴室、厨房。
因陶板由天然陶土烧制
而成，很少添加颜料，
故其颜色较为单一。

陶板墙面三维示意图解析

/ 陶板墙面相关节点的处理 /

① 竖向节点处理

陶板竖向接缝采用分缝件胶条密封，陶板板面与分缝件胶条应按压紧实，以达到良好的安装效果。

② 横向节点处理

陶板的横向接缝有其自身搭接进出处理，准确安装连接件的同时，利用陶板挂件的螺丝调节陶板高度，从而控制陶板横向搭接的误差在允许范围之内。

③ 阳角节点安装处理

阳角主要通过陶板侧面板遮正面板的施工工艺，施工中通过竖向放置通线来定位正面板与侧面板，确定安装顺序后，避免出现正面板的海棠角①露出侧面板影响观感的问题。

注：①海棠角是指在建筑装饰或家具制作工艺中，一种使阳角钝化的处理办法。

工艺解析

第一步：测量放线

用水平仪在墙体安装陶板的位置放出垂直线及水平控线，并按陶板的长宽分档，以确定各龙骨的位置，再弹出墙面的中心线及边线，标出门窗位置。

第二步：安装方钢管

用膨胀螺栓与 L 型角钢将镀锌的方钢管竖向固定在建筑墙面、顶面，同时按一定的间距将横向方钢管用螺钉固定在竖向方钢管上方，经拉拔试验合格后，进行下一步操作。

第三步：安装挂件材料

将胶条、不锈钢弹簧片和螺丝与金属挂件连接在一起，然后将金属挂件滑入陶土板自带的安装槽内，金属挂件安装的数量根据陶板的大小面积确定。同时，在镀锌方管的对应位置安装金属连接件，方便陶板与方管的挂接。

第四步：安装陶板

将陶土板通过金属挂件挂在方管的连接件上，自下而上逐层安装，陶土板刚安装完成后需对板块进行调整，保证陶板的横平竖直，且板的缝隙需满足竖向缝隙不大于 4mm，水平缝隙不大于 8mm 的要求。调整完成后，拧紧连接件与挂件的螺丝，保证面板的稳定性。

第五步：面板嵌缝

为保证挂面陶板的外观效果和公益性，将陶板四周用氟碳分涂处理的铝板对其进行封口处理，为保证板面的防水防渗效果，防止出现雨水、雪水渗漏的情况，将陶土板与铝板交接的接缝处注胶密封。

陶板的表面色泽温和，不反光，也不会像一些反光
材料制作的外墙那样带来光污染，是一种非常绿色
环保的墙面装修材料的类型。

陶板墙面实景效果图

3.5
GRG / GRC 板墙面

▶▶ GRG / GRC 挂板墙面

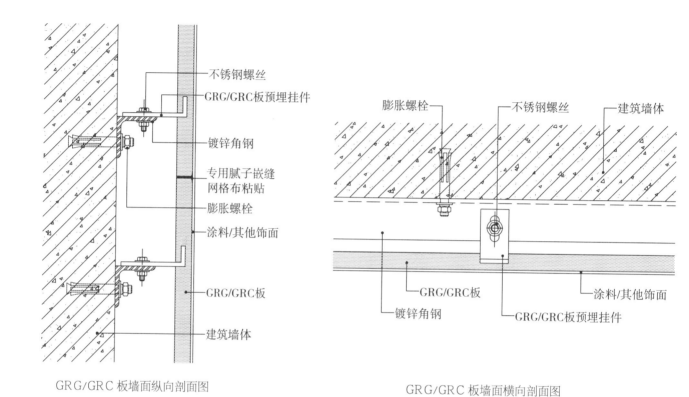

不锈钢螺丝

GRG/GRC板预埋挂件

镀锌角钢

专用腻子嵌缝
网格布粘贴

膨胀螺栓

涂料/其他饰面

GRG/GRC板

建筑墙体

GRG/GRC 板墙面纵向剖面图

膨胀螺栓

不锈钢螺丝

建筑墙体

GRG/GRC板

镀锌角钢

GRG/GRC板预埋挂件

涂料/其他饰面

GRG/GRC 板墙面横向剖面图

GRG / GRC 板墙面节点图

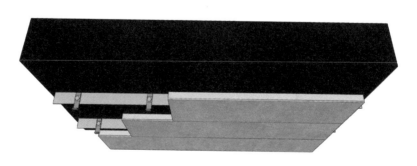

GRG/GRC 板墙面三维示意图

扫 / 码 / 观 / 看
"GRG/GRC 挂板墙面"
三维节点动图

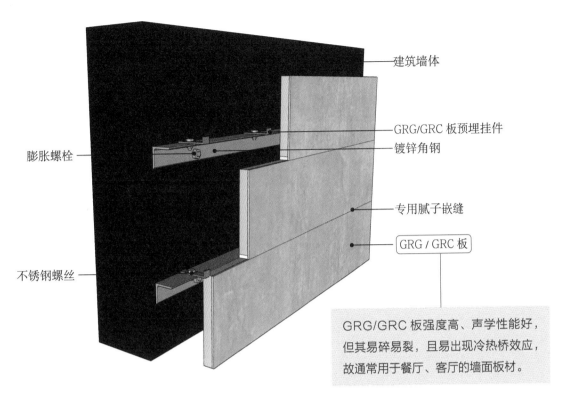

膨胀螺栓

不锈钢螺丝

建筑墙体

GRG/GRC 板预埋挂件

镀锌角钢

专用腻子嵌缝

GRG / GRC 板

GRG/GRC 板强度高、声学性能好，但其易碎易裂，且易出现冷热桥效应，故通常用于餐厅、客厅的墙面板材。

GRG/GRC 挂板墙面三维示意图解析

/ GRG / GRC 材料的优势 /

① 不变形

因 GRG / GRC 的主要材料石膏对玻璃纤维没有任何的腐蚀作用，且其干式吸收率小于 0.04%，由此可以确保其稳定的性能，使其经久耐用，不龟裂变形，使用寿命长。

② 环保

GRG / GRC 板材无任何气味，其放射性元素经检测符合 A 类装饰材料的标准。

③ 防火

GRG / GRC 材料属于一级防火材料，火灾发生时，它除了起到阻燃的作用外，本身还能释放其自身重量 15%~20% 的水分，大幅降低温度的同时，也能够减小一定的火灾损失。

④ 声学效果好

在经过良好的造型设计后，GRG / GRC 板可以构成良好的吸音结构，达到隔音和吸音的功效。

⑤ 质量轻

GRG / GRC 材料的厚度一般为 3mm~8mm，而其每平方米的重量只有 7 千克 ~16 千克，使用它作为墙面材料，可以有效地减轻主体建筑的重量和负载。

工艺解析

第一步：切割隔墙板

GRG/GRC 轻质隔墙板的宽度在 600mm~1200mm 之间，长度在 2500mm~4000mm 之间。将所购买的隔墙板预排列在墙面中，并根据其尺寸计算用量，多余的部分使用手持电锯切割掉。

第二步：定位放线

使用卷尺测量 GRG/GRC 轻质隔墙板的厚度。常见的隔墙板厚度有 90mm、120mm、150mm 三种规格。在砌筑 GRG/GRC 轻质隔墙板的轴线上弹线，按照隔墙板厚度弹双线，分别固定在上、下两端。

第三步：安装挂件

将 GRG/GRC 挂板预埋挂件埋入 GRG/GRC 板内，镀锌角钢通过膨胀螺栓固定在建筑墙体上。

第四步：挂装 GRG/GRC

将 GRG/GRC 挂板从下而上，面板和建筑墙体之间用配套的挂件进行连接，先将同一水平层的挂板轻挂在角钢上，调整好面板的水平、垂直度还有板缝宽度后，拧紧不锈钢螺丝后再进行上层板材的安装。

第五步：嵌缝

用白乳胶粘贴网格布，并用颗粒细度较高、质地较硬的专用腻子批刮 2~3 遍进行嵌缝，以增加墙体的防裂性能。嵌缝过后可以在板面涂刷涂料或用其他饰面装饰墙面。

GRG/GRC 可以根据设计师的设计，大面
积无缝地密拼任意造型，特别是洞口、转
角等细微的地方，可以确保拼接没有任何
的误差。

GRG / GRC 挂板墙面实景效果图

▶▶ GRG / GRC 板粘贴墙面

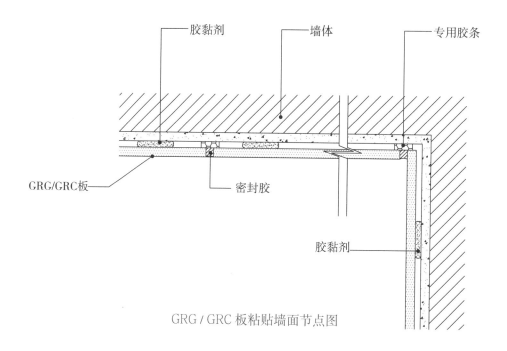

胶黏剂　　　墙体　　　专用胶条

GRG/GRC板　　　密封胶

胶黏剂

GRG / GRC 板粘贴墙面节点图

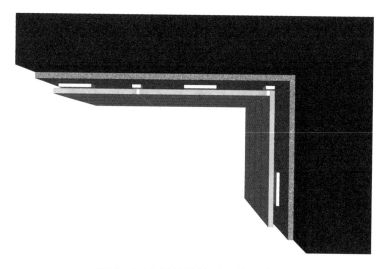

GRG / GRC 板粘贴墙面三维示意图

扫 / 码 / 观 / 看
"GRG/GRC 板粘贴墙面"
三维节点动图

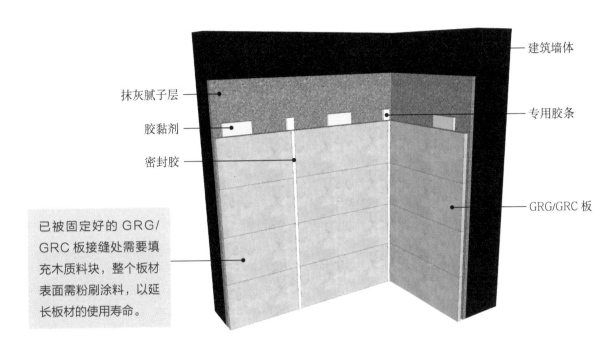

抹灰腻子层

胶黏剂

密封胶

建筑墙体

专用胶条

GRG/GRC 板

已被固定好的 GRG/GRC 板接缝处需要填充木质料块，整个板材表面需粉刷涂料，以延长板材的使用寿命。

GRG / GRC 板粘贴墙面三维示意图解析

工艺解析

用比色法挑选出中庭部位颜色一致的 GRG/GRC 板，根据设计要求，把 GRG/GRC 裁剪成合适的截面尺寸。

在基层板和 GRG/GRC 板的背面均匀涂刷万能胶，在胶水干燥至不粘手的程度后，将 GRG/GRC 板沿所弹墨线由一端向另一端慢慢压上，再用锤子垫木块由一端向另一端敲。

第一步 GRG / GRC 板准备	第三步 腻子做找平	第五步 贴装 GRG / GRC 板

第二步 定位弹线	第四步 涂胶黏剂	第六步 打胶

在板缝中间打密封胶，使板更加稳固。

GRG/GRC 板防火绝缘，火灾发生
时板材不会燃烧，且不会产生有毒烟
雾；导电系数低，是理想的绝缘材料。

GRG / GRC 板粘贴墙面实景效果图

4

壁纸（布）类饰面
墙面节点

壁纸、壁布是除了乳胶漆外，最常使用的一种家居墙面装饰材料，相较于乳胶漆，它没有色差，看到即是得到的效果，且施工简单，本身属于环保材料，无毒无害，但施工中使用的胶容易产生污染，可选择环保胶类来避免。

壁纸对不同材质的基层处理要求是不同的，本章将对混凝土基层、纸面石膏板基层及胶合板基层等的壁纸粘贴方案进行解析。同时，设计人员需要知道的是，不同材质基层的接缝处必须粘贴接缝带，否则极易出现裂缝、起皮等情况。

4.1
轻体砌块基层壁纸铺贴墙面

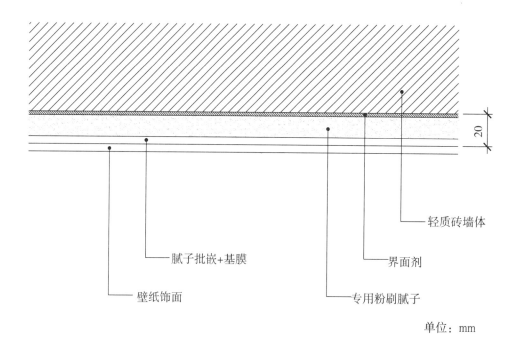

单位：mm

轻体砌块基层壁纸铺贴墙面节点图

（标注）
轻质砖墙体
界面剂
专用粉刷腻子
腻子批嵌+基膜
壁纸饰面
20

轻体砌块基层壁纸铺贴墙面三维示意图

扫 / 码 / 观 / 看
"轻体砌块基层壁纸铺贴
墙面"三维节点动图

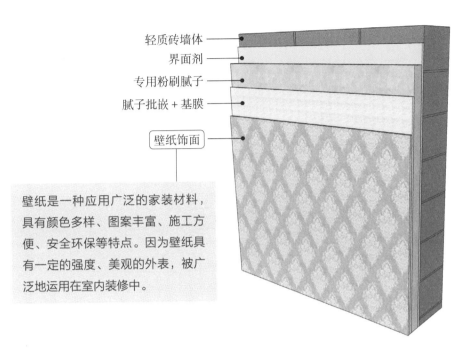

轻质砖墙体
界面剂
专用粉刷腻子
腻子批嵌 + 基膜
壁纸饰面

壁纸是一种应用广泛的家装材料，具有颜色多样、图案丰富、施工方便、安全环保等特点。因为壁纸具有一定的强度、美观的外表，被广泛地运用在室内装修中。

轻体砌块基层壁纸铺贴墙面三维示意图解析

/ 壁纸的分类 /

PVC 壁纸

特点： 有一定的防水性，可用在厨卫，有较强的质感，施工方便。经发泡处理后具有很强的三维立体感，但因其透气性不好，容易发霉

纯纸壁纸

特点： 透气性好，吸水吸潮，环保性佳，采用数码打印制作，图案清晰细腻，色彩还原性好，但不耐水、不耐擦，通常用于卧室

金属壁纸

特点： 具有金碧辉煌的效果，家居空间中适合做小面积的装点。对施工手法的要求较高

无纺壁纸

特点： 拉力强，防潮透气，不发霉发黄，无毒无刺激，色彩丰富，材质容易分解，并可回收再利用，属于价格稍高的一类壁纸

天然材料壁纸

特点： 采用天然材料简单加工制成，无毒、环保，透气性好，但不耐擦洗。带有浓郁的自然感，装饰效果多样

植绒壁纸

特点： 具有绒布般的丝质感，不反光，绿色环保，可吸音，花色繁多，属于高档壁纸，因其极易沾染灰尘，需日常精心打理

工艺解析

第一步：基层处理

基层应平整，同时墙面阴阳角垂直方正，墙角小圆角弧度大小上下一致，表面坚实、平整、洁净、干燥，没有污垢、尘土、沙砾、气泡、空鼓等现象。安装于基面的各种开关、插座、电器盒等突出设置，应先卸下扣盖等影响壁纸施工的部件。

第二步：刷界面剂

基层处理经工序检验合格后，在处理好的基层上涂刷防潮底漆及一遍界面剂，要求薄而均匀，墙面要细腻光洁，不应有漏刷或流淌等现象。

第三步：涂刷腻子和基膜

用专用的粉刷腻子在基层上刮三遍腻子，每次需等上一遍腻子干燥后再涂刷下一层，刮完腻子后将其晾干并对墙面进行打磨抛光，再涂刷基膜，加强墙底的防水、防毒功能。

第四步：墙面弹线

在底层涂料干燥后弹水平线和垂直线，其作用是使壁纸粘贴的图案、花纹等纵横连贯。

第五步：裁纸

按基层实际尺寸进行测量，计算所需用量，并在壁纸每一边预留 20mm~ 50mm 的余量，从而计算需要用的卷数以及裁切方式。裁剪好的壁纸按次序摆放，反面朝上平铺在工作台上，用辊筒刷或白毛巾洗刷清水，使壁纸充分吸湿伸张，浸湿 15 分钟后方可粘贴。

第六步：涂刷胶黏剂

壁纸和墙面需刷胶黏剂一遍，厚薄均匀。胶黏剂不能刷得过多、过厚、不均，以防溢出；壁纸避免刷不到位，以防止产生起泡、脱壳、壁纸黏结不牢等现象。

第七步：贴壁纸

首先找好垂直，然后对花纹拼缝，再用刮板将壁纸刮平，拼贴时，注意阳角千万不要有缝，壁纸至少包过阳角 150mm，达到拼缝密实、牢固，花纹图案对齐的效果。多余的胶黏剂应沿操作方向刮挤出纸边，并及时用干净、湿润的白毛巾擦干，保持纸面清洁。

第八步：清理修整

壁纸施工完成后，如有粘贴不牢的，可用针筒注入胶水进行修补，并用干净白色湿毛巾将其压实。若粘贴面起泡，可顺图案的边缘将壁纸割裂或刺破，排除空气，纸边口脱胶处要及时用胶液贴牢，最后用干净白色湿毛巾将壁纸面上残存的胶和污物擦拭干净。

墙纸图案可以通过印刷、压花模具不同图案的配合等，迎合各类室内风格，随心所欲地营造家居氛围。

轻体砌块基层壁纸铺贴墙面实景效果图

4.2

纸面石膏板基层壁纸铺贴墙面

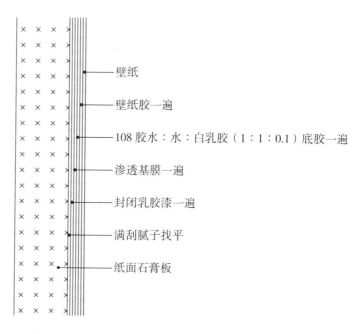

壁纸

壁纸胶一遍

108 胶水：水：白乳胶（1：1：0.1）底胶一遍

渗透基膜一遍

封闭乳胶漆一遍

满刮腻子找平

纸面石膏板

纸面石膏板基层壁纸铺贴墙面节点图

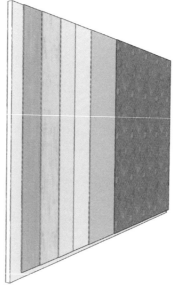

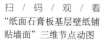

扫 / 码 / 观 / 看
"纸面石膏板基层壁纸铺
贴墙面"三维节点动图

纸面石膏板基层壁纸铺贴墙面三维示意图

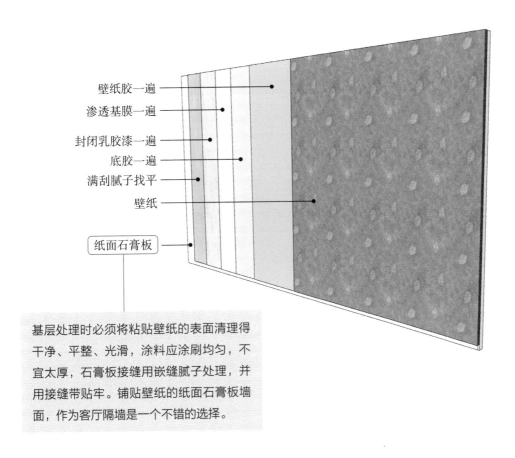

壁纸胶一遍

渗透基膜一遍

封闭乳胶漆一遍

底胶一遍

满刮腻子找平

壁纸

纸面石膏板

基层处理时必须将粘贴壁纸的表面清理得干净、平整、光滑，涂料应涂刷均匀，不宜太厚，石膏板接缝用嵌缝腻子处理，并用接缝带贴牢。铺贴壁纸的纸面石膏板墙面，作为客厅隔墙是一个不错的选择。

纸面石膏板基层壁纸铺贴墙面三维示意图解析

/ 先装门还是先贴壁纸 /

① 先贴壁纸

如果是先贴壁纸后装门，好处是可以将壁纸边压住，这样比较美观，但若不小心将壁纸破坏，则会有较大的损失，因为壁纸无法进行修补，只能重贴。

② 先装门

壁纸后贴肯定不会因为装门破坏成品了，但随之而来的问题是，收边不好收，搞不好会出现一些缝隙，影响美观。另外，壁纸和门框结合处，还得打玻璃胶。

在实际应用中，大多数都是壁纸最后再贴，这样可以保证大面上不出什么问题，至于细节的地方，只要工人稍微细心一点进行处理，问题不大。另外，局部的美观效果，肯定是要轻于大面的质量要求的。

工艺解析

第一步：基层处理

基层处理直接影响到壁纸的装饰效果，所以应该认真做好基层墙面的处理工作。对处理过后的墙面的要求可以总结为平整、清洁、干燥，颜色均匀一致，无空隙、凸凹不平等缺陷。

第二步：满刮腻子

腻子需满刮三遍，第一遍腻子用胶皮刮板横向满刮，第二遍腻子用胶皮刮板竖向满刮，第三遍腻子则大面积用钢片刮板满刮腻子，同时用水石膏将墙面缝隙等填补并找平，待腻子干燥后，用砂纸将墙体表面磨光、磨平后清扫墙面。

第三步：刷乳胶漆

先在打磨平滑的墙面上刷上一层封闭乳胶漆，以其良好的耐水性、耐碱性，防止墙体水盐渗出，毁坏墙面饰物，影响美观，同时用它的附着力起到结合层间材料的作用，刷完封闭乳胶漆后，需再刷一道渗透基膜，防止墙纸、墙布受潮脱落。

第四步：涂刷壁纸胶

准备上墙裱糊的壁纸，纸背预先刷清水一遍（即闷水），再刷壁纸胶一遍。为了使壁纸与墙面结合，提高黏结力，裱糊的基层同时刷壁纸胶一遍，壁纸即可以上墙裱糊。

第五步：贴壁纸

壁纸裱糊时，纸幅要垂直，先对花、对纹、拼缝，然后用薄钢片刮板由上而下赶压，由拼缝开始，向外向下顺序辊平、压实。多余的壁纸胶，则顺刮板操作方向挤出纸边，挤出的壁纸胶要及时用湿毛巾（软布）抹净，以保持墙壁整洁。

如今市面流行的国产纸底胶面墙纸，售价和施工费加起来也远小于高昂的装修价格，墙纸的出现可以让住户以几百元的价位求新存异，获得一个更加具有独特风格的室内家装。

纸面石膏板基层壁纸铺贴墙面实景效果图

4.3
混凝土基层壁纸铺贴墙面

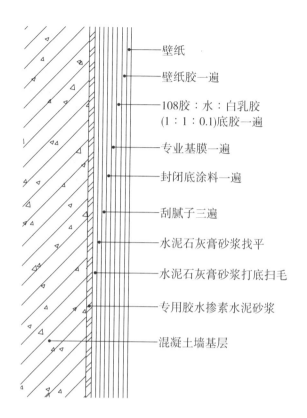

壁纸

壁纸胶一遍

108胶：水：白乳胶
(1：1：0.1)底胶一遍

专业基膜一遍

封闭底涂料一遍

刮腻子三遍

水泥石灰膏砂浆找平

水泥石灰膏砂浆打底扫毛

专用胶水掺素水泥砂浆

混凝土墙基层

扫 / 码 / 观 / 看
"混凝土基层壁纸铺贴墙
面"三维节点动图

混凝土基层壁纸铺贴墙面节点图

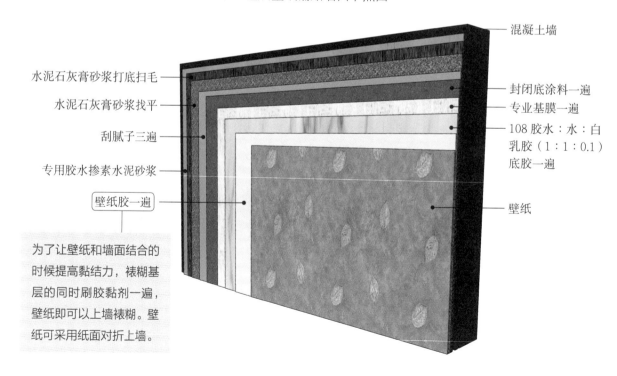

混凝土墙

水泥石灰膏砂浆打底扫毛

水泥石灰膏砂浆找平

刮腻子三遍

专用胶水掺素水泥砂浆

壁纸胶一遍

封闭底涂料一遍

专业基膜一遍

108 胶水：水：白
乳胶（1：1：0.1)
底胶一遍

壁纸

为了让壁纸和墙面结合的
时候提高黏结力，裱糊基
层的同时刷胶黏剂一遍，
壁纸即可以上墙裱糊。壁
纸可采用纸面对折上墙。

混凝土基层壁纸铺贴墙面三维示意图解析

工艺解析

第一步
基层处理

第二步
扫毛找平

第三步
满刮腻子

第四步
刷专业基膜

第五步
刷底胶

第六步
涂刷壁纸胶

第七步
贴壁纸

先用专用胶水掺素水泥砂浆，增加层间的黏结力，为不影响壁纸粘贴的平整度，再用水泥石灰膏砂浆进行打底扫毛并找平。

胶面墙纸耐脏、耐擦洗，如遇夏季因拍打蚊虫而弄脏墙面，只需湿布或者清洁剂擦拭即可去除污渍，反复擦拭也不会影响墙面的美观。

混凝土基层壁纸铺贴墙面实景效果图

4.4
装饰贴膜墙面

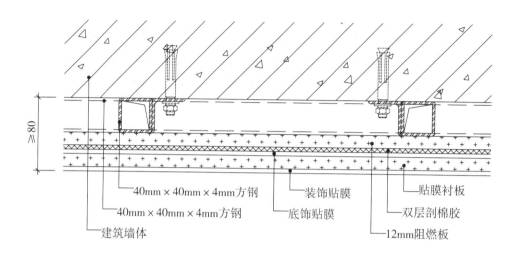

≥80

40mm×40mm×4mm方钢
40mm×40mm×4mm方钢
建筑墙体
装饰贴膜
底饰贴膜
12mm阻燃板
贴膜衬板
双层剖棉胶

单位：mm

装饰贴膜墙面节点图

扫 / 码 / 观 / 看
"装饰贴膜墙面"三维节
点动图

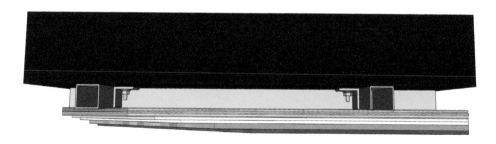

装饰贴膜墙面三维示意图

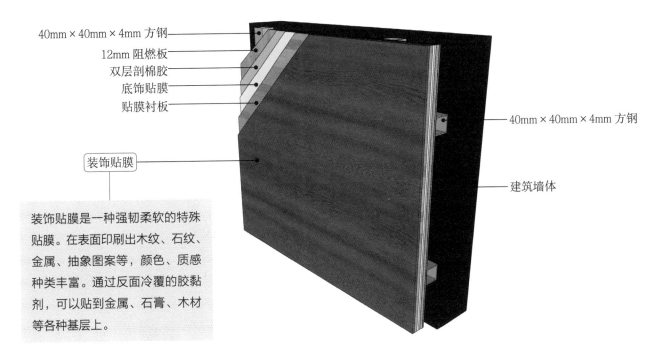

40mm×40mm×4mm 方钢
12mm 阻燃板
双层剖棉胶
底饰贴膜
贴膜衬板

40mm×40mm×4mm 方钢

建筑墙体

装饰贴膜

装饰贴膜是一种强韧柔软的特殊贴膜。在表面印刷出木纹、石纹、金属、抽象图案等，颜色、质感种类丰富。通过反面冷覆的胶黏剂，可以贴到金属、石膏、木材等各种基层上。

装饰贴膜墙面三维示意图解析

工艺解析

用 L 型角钢将 40mm×40mm×4mm 的方钢按一定的间距钻孔并用膨胀螺栓水平和竖直地固定在建筑墙面上。

在阻燃板对外的那一面用胶水将至少大于 6mm 的底饰贴膜粘贴在阻燃板上，并用双面泡棉胶将贴覆衬板粘贴其上。

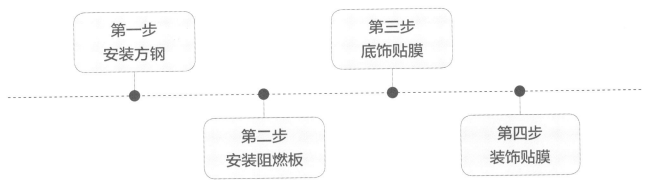

第一步
安装方钢

第三步
底饰贴膜

第二步
安装阻燃板

第四步
装饰贴膜

用黏结强度较高的胶黏剂，在阻燃板背面均匀涂刷胶黏剂，在胶水干燥到不黏手的程度时，将 12mm 厚的阻燃板沿所弹墨线粘贴到墙面上，再用锤子垫木块由一端向另一端敲实。

将以一定尺寸割好的膜与贴面材料的尺寸进行核对，核对无误后，撕去膜后面的保护层，在显露出的胶质层及贴覆衬板上喷洒安装液，快速地将膜黏附到衬板上，利用机械工具将膜与衬板间的多余安装液挤出，最后将膜进行裁边并收边。

装饰贴膜具有耐磨的特性，适用于多种基材的表面，一定程度上可代替墙纸的作用，因其具有一定的防水作用，通常用在厨房、卫生间等长期处于潮湿状态下的空间墙面上。

装饰贴膜墙面实景效果图

5

石材类墙面节点

　　石材类墙面节点中的石材包含天然石材和人造石材。按照石材在墙面中的铺贴工法，石材的施工工法主要有三种，分别为石材干式施工、石材干挂施工以及石材无缝工艺。石材干式施工便捷快速，适合重量较小的石材；石材干挂施工的石材固定效果最好，但具有一定的厚度，且对空间面积大小有要求；石材无缝工艺则通过研磨工艺将石材之间的缝隙处理掉，增加石材的整体性。

　　在做石材造型墙时，墙面石材的造型是通过对石材进行加工，制作出诸如雕花、线条、弧形或多边形等造型样式，然后组合设计在墙面上形成了富有精美装饰效果的墙面石材造型。

5.1
石材隔墙

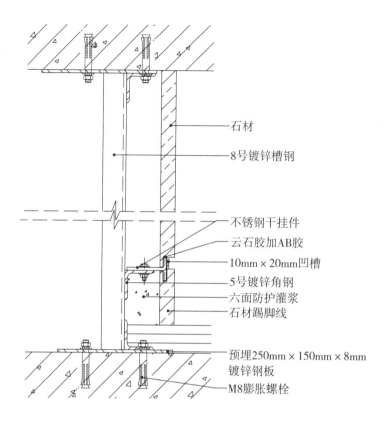

石材

8号镀锌槽钢

不锈钢干挂件

云石胶加AB胶

10mm×20mm凹槽

5号镀锌角钢

六面防护灌浆

石材踢脚线

预埋250mm×150mm×8mm
镀锌钢板

M8膨胀螺栓

石材隔墙节点图

石材隔墙三维示意图

扫 / 码 / 观 / 看
"石材隔墙" 三维节点动图

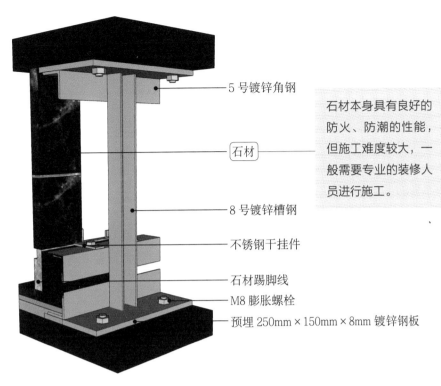

5 号镀锌角钢

石材

8 号镀锌槽钢

不锈钢干挂件

石材踢脚线

M8 膨胀螺栓

预埋 250mm×150mm×8mm 镀锌钢板

石材本身具有良好的防火、防潮的性能，但施工难度较大，一般需要专业的装修人员进行施工。

石材隔墙三维示意图解析

/ 墙面常用石材分类 /

天然石材

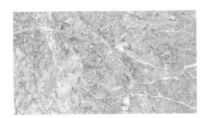

大理石

常见品种：爵士白、波斯灰、雅士白、大花绿、啡网纹、银白龙等

用途：墙壁、地面、台面、隔断、屏风

花岗岩

常见品种：绿星、芝麻灰、山西黑等

用途：墙壁、地面、台面

人造石材

人造大理石

常见品种：水泥型、聚酯型、复合型及烧结型等

用途：墙壁、地面、台面

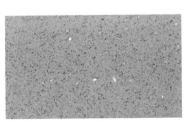

人造石英石

常见品种：极细颗粒、细颗粒、中等颗粒、大颗粒等

用途：墙壁、地面、台面

人造水磨石

常见品种：石子颗粒、玻璃颗粒、贝壳颗粒、彩色混合颗粒等

用途：墙壁、地面、台面

人造文化石

常见品种：城堡石、层岩石、乱片石、鹅卵石、砖石等

用途：墙壁、垭口

工艺解析

第一步：选用石材

按设计要求选用 18mm 厚的石材，石材应均经过六面防护灌浆和晶面处理，且应塑造好石材的造型。

第二步：预埋钢板

将 250mm × 150mm × 8mm 的镀锌钢板用 M8 的膨胀螺栓固定在顶棚和地面上。

第三步：安装龙骨

将 8 号镀锌槽钢的竖向龙骨满焊在镀锌钢板上，5 号镀锌角钢的横向龙骨满焊在竖向龙骨上的同时，用膨胀螺栓与预埋的钢板固定安装。

第四步：固定挂件

将 T 型不锈钢的干挂件一端通过螺丝固定在横向龙骨上方，另一端埋入石材预留的孔洞中。石材需留出 10mm × 20mm 的凹槽做出石材的踢脚线。

第五步：固定板面

将石板用云石胶加 AB 胶固定在龙骨上，完成安装后，用近色的云石胶进行补缝处理，并水抛晶面。

石材作为一个天然的材质，其表面光亮晶莹，且质地坚硬，作为客厅隔墙可以让房间增添几分典雅的气氛。

石材隔墙实景效果图

5.2
石材贴墙干挂墙面

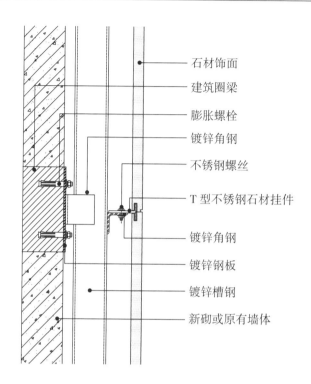

石材饰面
建筑圈梁
膨胀螺栓
镀锌角钢
不锈钢螺丝
T 型不锈钢石材挂件
镀锌角钢
镀锌钢板
镀锌槽钢
新砌或原有墙体

石材贴墙干挂墙面节点图

对施工人员进行石材干挂技术交底时，应强调技术措施、质量要求和成品保护。弹线必须准确，经复验后方可进行下道工序。固定的角钢和平钢板应安装牢固，并应符合设计要求，石材应用护理剂进行石材六面体防护处理。

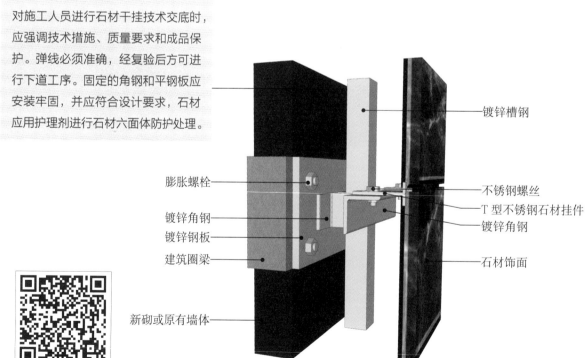

镀锌槽钢

膨胀螺栓
镀锌角钢
镀锌钢板
建筑圈梁

不锈钢螺丝
T 型不锈钢石材挂件
镀锌角钢
石材饰面

新砌或原有墙体

扫 / 码 / 观 / 看
"石材贴墙干挂墙面"三维节点动图

石材贴墙干挂墙面三维示意图解析

/ 隐蔽工程的检验标准 /

① 电路质量

强电和弱电要分开布管穿线，线管内不应有接头和扭结，如果需要分线，则必须使用分线盒。导线之间需牢固连接，接线不可受拉力，且应紧密包扎，不露线芯。

② 水路质量

水路管道需横平竖直，紧贴墙面，沿顶面安装。管道应铺设牢固，不应有晃动的现象，因此需要每隔800mm 安装一个吊杆。

③ 地面基层质量

铺设地板的地面应平整，在上面走动时没有明显的声响。铺贴在地面上的地板与瓷砖等不应有明显的色差，板块间缝隙不应过大，灰缝应镶嵌饱满，高度差不宜超出 2mm。

④ 其他质量

隐蔽工程除以上需要注意的要点外，还应检查护墙板棱角是否平直，有无开裂现象；吊顶尺寸是否一致；门窗的灵活度等。

/ 卫浴内墙渗漏处理技术 /

① 如果是墙面出现渗漏，应剔除装饰面，采用具有防水密封性能的砂浆找平后，再将穿墙管与墙面的接触部位用高分子防水涂料涂刷两遍，恢复装饰层。

② 如果是墙内预埋管出现渗漏，应进行更换，再恢复防水层与饰面层。穿墙、穿楼板的管道周围要用具有防水密封功能的砂浆堵嵌密实，沿管周留 20mm×20mm 的槽，干燥后嵌柔性密封材料，然后再用防水灰浆抹压平整。

工艺解析

第一步：基层处理

采取经纬仪投测与垂直、水平挂线相结合的方法进行弹线。基层墙面清理干净，不得有浮土、浮灰，将其找平并涂好防水剂。

第二步：测量放线

施工前按照设计标高在墙体上弹出水平控制线和每层石材标高线。根据石材分隔图弹线后，还要确定膨胀螺栓的安装位置。

第三步：预埋钢板

将镀锌钢板用膨胀螺栓预埋在新砌或原有墙体的建筑圈梁上。

第四步：基层钢架焊接

镀锌槽钢通过连接件与预埋的钢板焊接，角钢焊接在槽钢上，T型不锈钢石材挂件用不锈钢螺丝与角钢固定。

第五步：隐蔽工程验收

在上述的施工程序经过自检、互检和专检合格后，及时对墙中的设备管线的安装以及水管等有特殊要求的隐蔽项目进行验收。

第六步：石材安装

将石材饰面与挂件嵌缝安装，并测试板面的稳定性。

第七步：板缝处理

石材安装完毕后，经检查无误，清扫拼接缝后即可嵌入橡胶条或泡沫条。然后打勾缝胶封闭，注胶均匀，胶缝饱满，也可稍凹于板面。或者按石材的颜色调成色浆嵌缝，边嵌边用抹布清除所有的石膏和余浆痕迹，使缝隙密实均匀、干净且颜色一致。

作为一种较为高端的装饰材料，石材的材料价格和施工价格都较高，故要做石材墙面需有充足的资金准备。

石材贴墙干挂墙面实景效果图

5.3
石材贴墙干挂墙面（阴阳角）

▶▶ 石材贴墙干挂墙面（阳角）

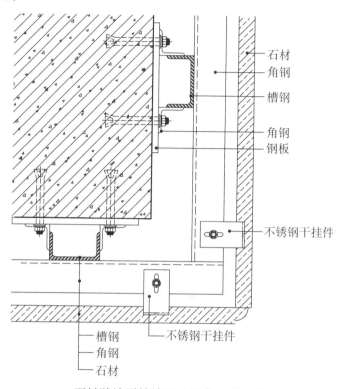

石材 — 石材
角钢 — 角钢
槽钢 — 槽钢
角钢 — 角钢
钢板 — 钢板
不锈钢干挂件 — 不锈钢干挂件

不锈钢干挂件
槽钢
角钢
石材

石材贴墙干挂墙面（阳角）节点图

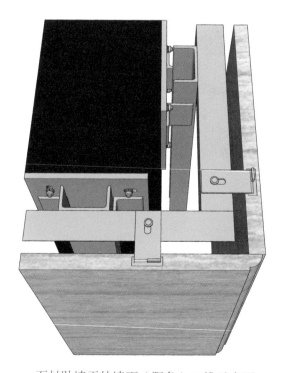

石材贴墙干挂墙面（阳角）三维示意图

扫 / 码 / 观 / 看
"石材贴墙干挂墙面（阳
角）"三维节点动图

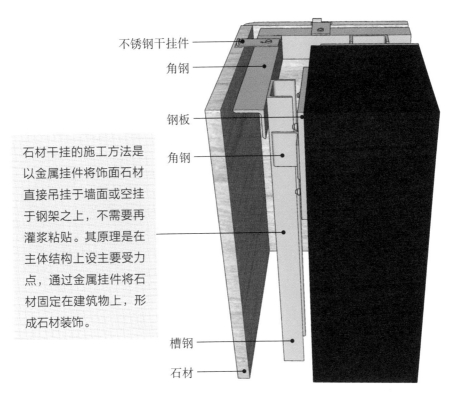

不锈钢干挂件

角钢

钢板

角钢

石材干挂的施工方法是
以金属挂件将饰面石材
直接吊挂于墙面或空挂
于钢架之上，不需要再
灌浆粘贴。其原理是在
主体结构上设主要受力
点，通过金属挂件将石
材固定在建筑物上，形
成石材装饰。

槽钢

石材

石材贴墙干挂墙面（阳角）三维示意图解析

工艺解析

将石材以块为单位计量，在石材
墙角阴角处采取直碰的收口方式，直
碰产生的缝隙进行擦缝处理。

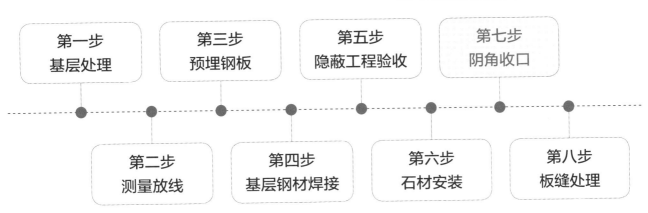

第一步
基层处理

第二步
测量放线

第三步
预埋钢板

第四步
基层钢材焊接

第五步
隐蔽工程验收

第六步
石材安装

第七步
阴角收口

第八步
板缝处理

▶▶ 石材贴墙干挂墙面（阴角）

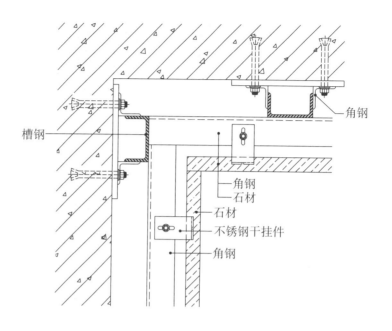

槽钢

角钢

角钢
石材
石材
不锈钢干挂件
角钢

石材贴墙干挂墙面（阴角）节点图

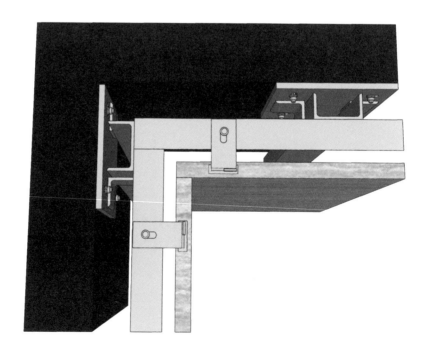

扫 / 码 / 观 / 看
"石材贴墙干挂墙面（阴角）"三维节点动图

石材贴墙干挂墙面（阴角）三维示意图

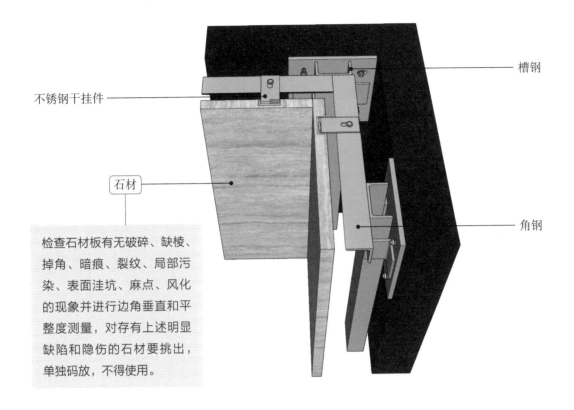

槽钢

不锈钢干挂件

石材

角钢

检查石材板有无破碎、缺棱、
掉角、暗痕、裂纹、局部污
染、表面洼坑、麻点、风化
的现象并进行边角垂直和平
整度测量，对存有上述明显
缺陷和隐伤的石材要挑出，
单独码放，不得使用。

石材贴墙干挂墙面（阴角）三维示意图解析

工艺解析

两块石材交接时，对其中一块石材的阳角
端点进行欧洲古典建筑线型的磨边艺术化处
理，缓解石材因过于尖利损伤人、物的现象。

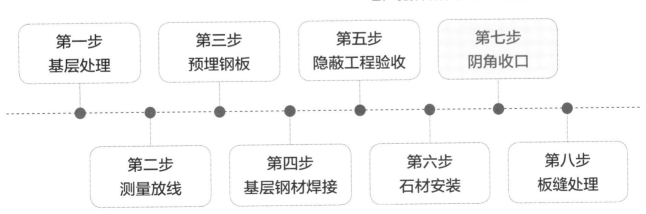

第一步
基层处理

第三步
预埋钢板

第五步
隐蔽工程验收

第七步
阴角收口

第二步
测量放线

第四步
基层钢材焊接

第六步
石材安装

第八步
板缝处理

有些石材如大理石重量较大，且因经
钢材固定后厚度大、占用空间多，故
作为隔墙时，通常用在客厅中。

石材贴墙干挂墙面（阴阳角）实景效果图

5.4
石材离墙干挂墙面

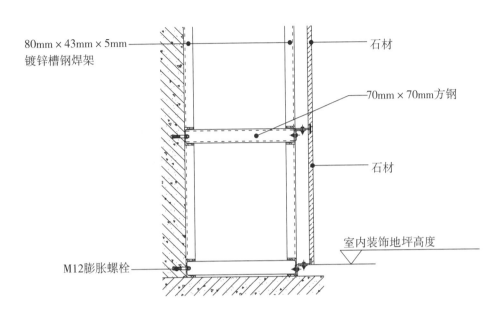

80mm × 43mm × 5mm
镀锌槽钢焊架

70mm × 70mm方钢

石材

石材

室内装饰地坪高度

M12膨胀螺栓

石材离墙干挂墙面节点图

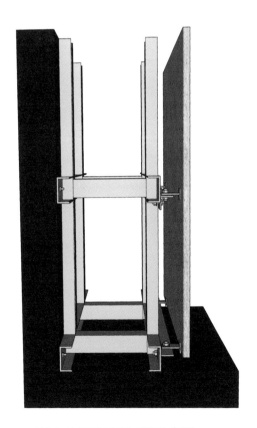

石材离墙干挂墙面三维示意图

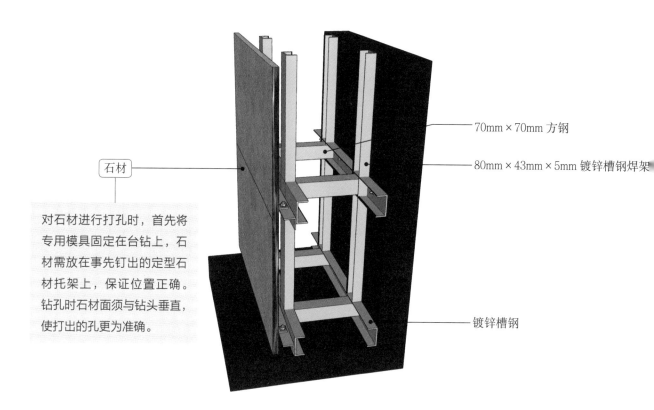

石材离墙干挂墙面三维示意图解析

70mm×70mm 方钢

80mm×43mm×5mm 镀锌槽钢焊架

镀锌槽钢

石材

对石材进行打孔时，首先将专用模具固定在台钻上，石材需放在事先钉出的定型石材托架上，保证位置正确。钻孔时石材面须与钻头垂直，使打出的孔更为准确。

/ 石材的验收及表面处理 /

① 验收

石材收货要有专人管理，对石材的规格、型号正确与否根据料单进行核对。若发现石材颜色明显不一致或有严重裂纹和缺棱掉角的不得使用，需要单独码放，方便退还给厂家；缺棱掉角及裂纹不太严重的，可修理后再用。

石材堆放地需要夯实，并垫 10cm×10cm 的通常方木，使石材高出地面至少 8cm，方木上宜钉上橡胶条，让石材斜靠在专用钢架上，立放的石材间要用一定厚度的薄膜隔开紧靠码放。

② 表面处理

石材的表面处理必须在无污染的环境下进行，要对石材使用护理剂及六面体防护处理，首先要将木材放在方木之上，用软刷蘸防护剂均匀地在石材表面涂刷，第一遍涂刷完后隔一天再涂刷第二遍石材防护剂。涂刷完的石材在 48 小时后才可以使用。

工艺解析

第一步：石材准备

挑选表面颜色一致，无缺棱掉角及裂纹的石材，石材表面涂刷两遍石材防护剂，并按设计图纸要求，在石材背面开槽，最后给石材板块按安装顺序进行编号。

第二步：基层准备

清理基层表面，同时进行吊直、套方、找规矩，弹出垂直线与水平线。根据施工图纸与实际需要弹出钢架及石材安装的位置线。

第三步：安装骨架

将 80mm×43mm×5mm 的槽钢按垂直位置线安装，将同样规格的槽钢按水平位置线嵌入竖向槽钢，横竖向槽钢相接的节点处用 M12 的膨胀螺栓固定在原建筑墙面上方。70mm×70mm 的方钢在横竖槽钢形成的接口处嵌入焊接。方钢另一头与相同的横竖槽钢进行焊接形成钢架。

第四步：安装挂件

将 50mm×50mm×5mm 的镀锌角钢与横竖槽钢节点相接处用螺钉进行固定，不锈钢的 T 型挂件也用螺丝固定在镀锌角钢上方。

第五步：安装石材

从底层开始，吊垂直线将石材根据编号依次向上安装，石材开槽处与挂件安装，确认安装无误后，对槽内注入结构胶进行固定。

第六步：板缝处理

石材安装完毕后，将板面及缝隙处清扫干净后嵌入橡胶条及泡沫条，并将勾缝胶均匀注入封闭板缝，打胶后的胶缝需饱满，也可以稍稍凹于板面。或者调与石材相同颜色的色浆进行嵌缝。完成后将所有残余的污渍清扫干净。

运用板块较大的大理石设计背景墙时，需要特别注意石材的规格和纹路走向，可先用石板的高清照片做预排，以检查纹理的衔接是否符合设计效果。

石材离墙干挂墙面实景效果图

5.5
石材干粘墙面

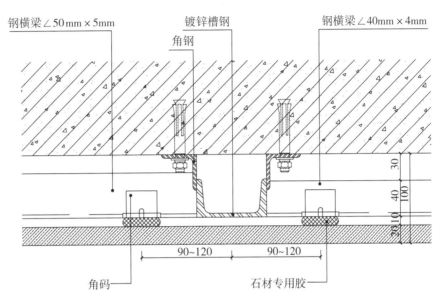

钢横梁∠50mm×5mm   镀锌槽钢   钢横梁∠40mm×4mm
角钢

30
40
100
30 10

90~120   90~120

角码   石材专用胶

单位：mm

石材干粘墙面节点图

扫 / 码 / 观 / 看
"石材干粘墙面"三维节
点动图

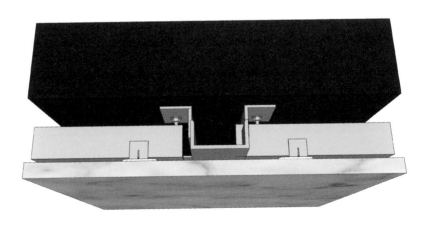

石材干粘墙面三维示意图

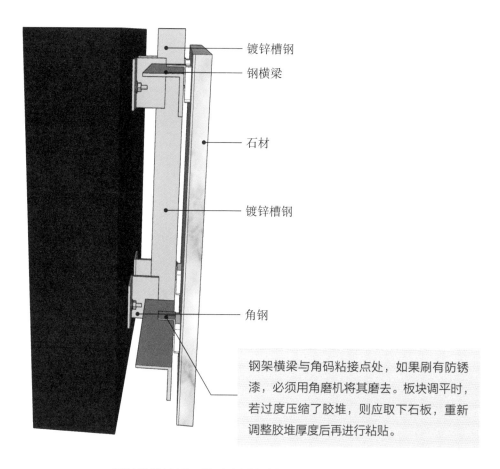

镀锌槽钢

钢横梁

石材

镀锌槽钢

角钢

钢架横梁与角码粘接点处，如果刷有防锈漆，必须用角磨机将其磨去。板块调平时，若过度压缩了胶堆，则应取下石板，重新调整胶堆厚度后再进行粘贴。

石材干粘墙面三维示意图解析

/ 墙面石材平整度处理方法 /

有些石材由于在加工时没有控制好平整度，或是在运输、堆放时被外力挤压变形，抑或是安装时没有及时调整板面，造成成品墙面平整度不够，形成落差。当误差在允许范围内时，可以采取以下方法处理局部的落差问题。

① 视觉过渡法

因为石材高低差造成接缝处的视觉差异时，当接缝口出高差小于 1mm 时，可以用云石胶或填缝剂进行填补，达到过渡视觉、使墙面看似平整的作用效果。多余的云石胶或填缝剂可用钢丝棉或刀片刮擦除去。

② 校平粘贴法

若石材墙面翘曲变形导致在 1mm~2mm 的范围内有高低落差时，可用墙面石材调平器放在落差处，将加压的吸盘下压石材表面，并采用支点加压法将高出的位置压平，用云石胶迅速粘贴在接缝处，等其固化后就达到了固定平整的效果。

③ 研磨整平法

以上两种方法都无法实现调整高差的良好效果时，只能再按常规方法，进行整体的研磨整平处理。

工艺解析

第一步：定位弹线

按照设计图纸，在墙面上弹出石材安装的位置线和钢架纵横中心线，同时在墙面大角处弹出水平和竖直的控制线。

第二步：安装钢架

钢架采用纵横的型钢焊接。钢架立柱采用镀锌槽钢，先用角钢角码与结构墙体连接固定，槽钢与角码焊接，钢架横梁分别采用 40mm×4mm 和 50mm×5mm 的镀锌角钢，在角钢横梁相应位置安装角钢角码，并同时在石材黏结处的角钢横梁与角码上钻孔，并在焊接处涂刷防锈漆。

第三步：粘贴石材

在钢架横梁开孔处涂抹适量胶体，让石材安装过程中可以从孔中压出余胶，形成锚固点。再在石材背面相应粘接位置抹胶后粘贴，钢架与石材饰面板之间胶的厚度应在 4mm~6mm 之间。当面板找直找平完成后，立刻用快干胶在横梁角钢下方进行固定。

第四步：嵌缝清洁

石材安装完成 24 小时以后，沿板缝两边粘贴美纹纸，嵌入密封胶并等其凝固后再揭起美纹纸，清理板面。

墙面石材也会做成墙面砖的形式，这样可以更为多样地装饰室内墙面。

石材干粘墙面实景效果图

5.6
石材锚栓干粘固定墙面

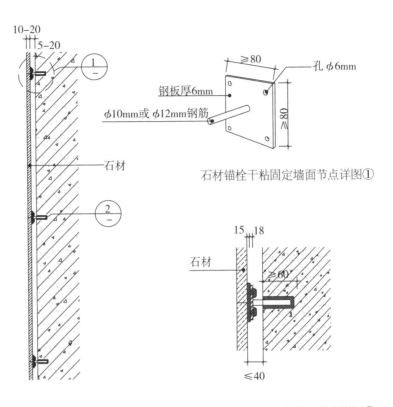

石材锚栓干粘固定墙面剖面图　　石材锚栓干粘固定墙面节点详图②

石材锚栓干粘固定墙面节点详图①

单位：mm

石材锚栓干粘固定墙面节点图

扫／码／观／看
"石材锚栓干粘固定墙面"
三维节点动图

石材锚栓干粘固定墙面三维示意图

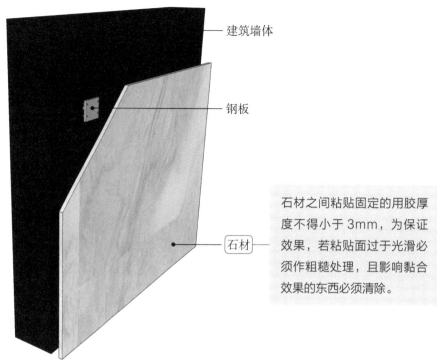

建筑墙体

钢板

石材

石材之间粘贴固定的用胶厚度不得小于 3mm，为保证效果，若粘贴面过于光滑必须作粗糙处理，且影响黏合效果的东西必须清除。

石材锚栓干粘固定墙面三维示意图解析

工艺解析

在墙面弹出墙体剔槽打孔位置分布线和水平及垂直的控制线。

选取厚度为 6mm 的钢板，在钢板四角打上直径为 6mm 的孔，中央打上 10mm 或 12mm 的孔，板材中央焊入 ϕ10 或 ϕ12 的钢筋。

石材背面的钢板中央的钢筋深入墙面孔洞中，确定石材安装正确后，在钢筋与墙面孔洞缝隙处注入胶进行固定。

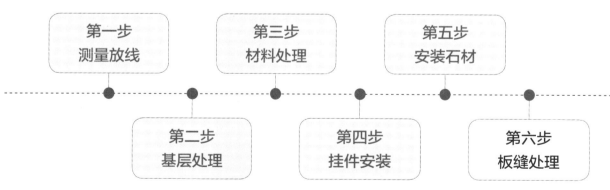

第一步 测量放线	第三步 材料处理	第五步 安装石材
第二步 基层处理	第四步 挂件安装	第六步 板缝处理

在建筑墙面沿所弹墨线进行剔槽打孔，打孔深度应大于等于 60mm。

在石材连接处用处理好的钢板进行安装，四角开孔处用螺丝穿入与石材固定，钢板与石材间的缝隙用胶进行填充。

做成马赛克的石材可
以适应不同弧度的表
面铺贴，这类清新俏
皮的青绿色可以有效
地舒缓住户的心情。

石材锚栓干粘固定墙面实景效果图

5.7
混凝土柱石材干挂柱面

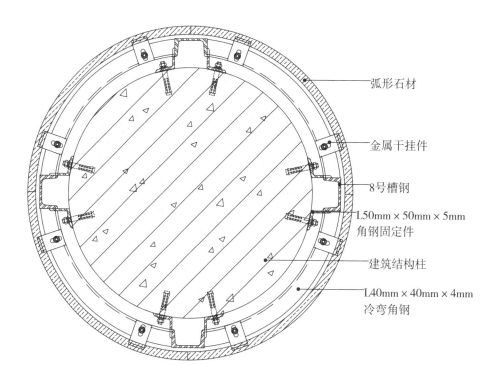

弧形石材

金属干挂件

8号槽钢

L50mm×50mm×5mm
角钢固定件

建筑结构柱

L40mm×40mm×4mm
冷弯角钢

混凝土柱石材干挂柱面（圆柱）节点图

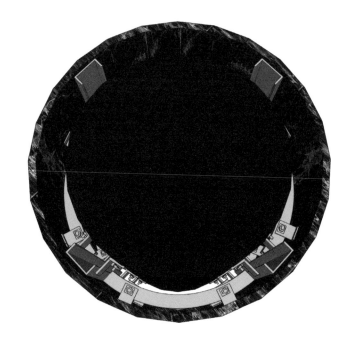

混凝土柱石材干挂柱面（圆柱）三维示意图

建筑结构柱

8 号槽钢

L50mm × 50mm × 5mm 角钢固定件

弧形石材

石材圆柱圆弧板的加工分等弧切割法和等候切割法两种，花岗石圆弧板壁厚最小值应不小于 25mm。圆弧板的安装宜采用干挂法安装，金属干挂件厚度不应小于 5mm，并宜采用交叉式 T 型金属挂件。

混凝土柱石材干挂柱面（圆柱）三维示意图解析

/ 石材安装注意事项 /

① 为确保石材质量，在石材进场后，需有专人进行接受检验，核对材料的规格及型号，确认石材无明显缺陷，验收合格进行预拼，预拼确认合格后按编号堆放在坚实、平整的地面上。

② 安装石材前，确保各节点焊接质量及各部件的拧固强度符合规范要求，并在焊接处涂刷防腐漆。

③ 采用的连接件都要进行承载力验算，受力的铆钉或螺丝，每处不小于两个，连接件与主体结构的锚固强度必须大于其本身的承载力设计值，主体结构的承载力应大于连接件的承载力。

④ 锚固螺丝与建筑结构件的连接需经过抽样调查进行抗拔试验，核对其承载力是否符合要求。

⑤ 板缝嵌胶时胶面应平顺，若不平顺，可在胶凝固前用不锈钢将其刮平，在刮缝前，需将勺擦净。为使板面色彩更加和谐，可根据石板颜色在胶中掺入定量的矿物颜料。

⑥ 石材每层安装后应立即用铁丝紧箍固定，避免对其他层石材的影响，确保横纵通缝顺直，大小尺寸一致。

工艺解析

第一步：石材定制

根据圆柱及方钢管的尺寸确定石材的尺寸，将圆柱挂面石材等比分为三份，根据下料单选定石材，并进行编号。

第二步：定位弹线

在圆柱四面弹出控制线对尺寸进行复测，而后在柱体上弹出固定角钢位置所需的竖向控制线，并沿竖向控制线每间隔一定长度就弹出水平控制线。水平控制线与竖向控制线相交处是膨胀螺栓的布置点。

第三步：材料加工

根据圆柱的尺寸将方钢管切割成形，并将角钢切割成一定尺寸的连接件，然后在膨胀螺栓定位处，根据螺丝尺寸在预埋的镀锌钢板上开设孔洞。同时对镀锌角钢进行加工，采用切割机沿一定长度切割成端，合缝制成圆形。

第四步：基层钢材焊接

将镀锌钢板按所弹位置线用膨胀螺栓预埋在原结构柱四面，并将切割好的角钢连接件与钢板焊接，同时，镀锌方钢管也采用焊接的方式固定在角钢连接件上。将加工成的圆形角钢安装在每排连接件的位置，并用焊接方式与钢管相连。

第五步：安装挂件

为连接干挂的石材，将 T 型不锈钢干挂件与圆形角钢用 M10 螺丝进行连接。

第六步：试拼石材

将石材按照编号进行试拼，并根据挂件安装位置对石材进行开槽。

第七步：安装石材

安装石材时将石材开槽位置与挂件位置对齐，在找平、找正、找垂直后，调整固定挂件，拧紧螺丝，并将槽内注入结构胶进行固定。挂件与圆形角钢的连接面进行电焊加强，并在焊接位置涂刷一层防腐漆。石材自上而下安装，每层石材安装后立即用铁丝进行箍紧固定。

第八步：嵌缝处理

石材安装完成后，沿板缝边缘整齐、严谨地贴上防污条，在石材拼缝的缝隙处嵌入弹性泡沫填充条，嵌好的填充条离装修面应有 5mm，所以应在填充条外将中性的硅胶打入缝中。

第九步：清理板面

将防污条撕去，并用棉布将石材外表面擦洗干净，表面的残胶与其他难以去除的杂物，可用开刀进行铲除，再用干净的棉布蘸丙酮擦净，刷罩面剂。

5.8
建筑钢柱石材干挂柱面

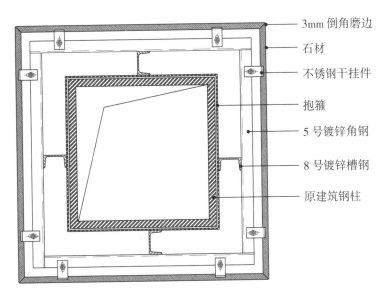

3mm 倒角磨边

石材

不锈钢干挂件

抱箍

5 号镀锌角钢

8 号镀锌槽钢

原建筑钢柱

建筑钢柱石材干挂柱面节点图

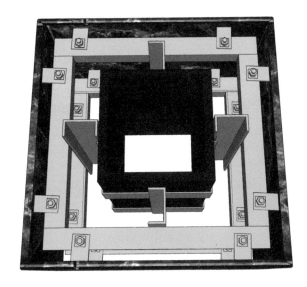

建筑钢柱石材干挂柱面三维示意图

扫 / 码 / 观 / 看
"建筑钢柱石材干挂柱面"
三维节点动图

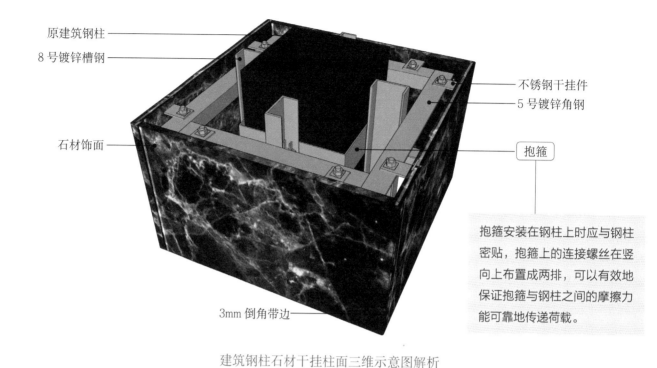

原建筑钢柱

8 号镀锌槽钢

不锈钢干挂件

5 号镀锌角钢

石材饰面

抱箍

3mm 倒角带边

抱箍安装在钢柱上时应与钢柱密贴，抱箍上的连接螺丝在竖向上布置成两排，可以有效地保证抱箍与钢柱之间的摩擦力能可靠地传递荷载。

建筑钢柱石材干挂柱面三维示意图解析

工艺解析

将镀锌的抱箍沿所弹的位置线进行固定，镀锌槽钢和抱箍进行焊接。四面焊接而成的方形角钢也通过焊接与竖向的槽钢固定。

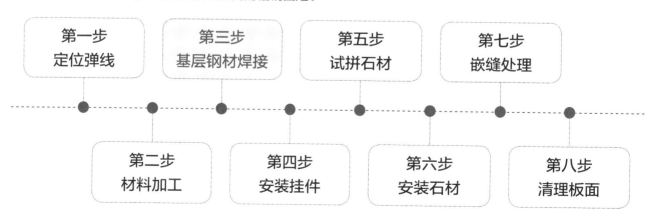

第一步
定位弹线

第三步
基层钢材焊接

第五步
试拼石材

第七步
嵌缝处理

第二步
材料加工

第四步
安装挂件

第六步
安装石材

第八步
清理板面

建筑钢柱石材干挂能有效避免湿贴石材造成的
板材空鼓、开裂现象，然而由于其结构原因，
抗震性能较弱，一般不会用在主体的承重柱上。

建筑钢柱石材干挂柱面实景效果图

5.9
石材墙面防火卷帘轨道槽

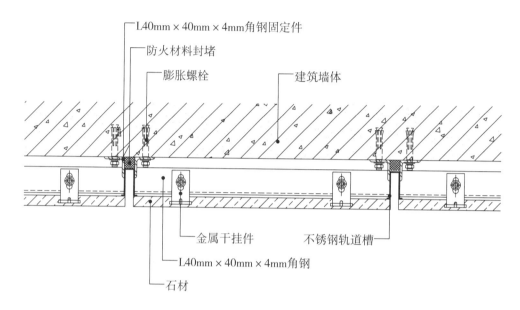

L40mm×40mm×4mm角钢固定件
防火材料封堵
膨胀螺栓
建筑墙体
金属干挂件
不锈钢轨道槽
L40mm×40mm×4mm角钢
石材

石材墙面防火卷帘轨道槽节点图

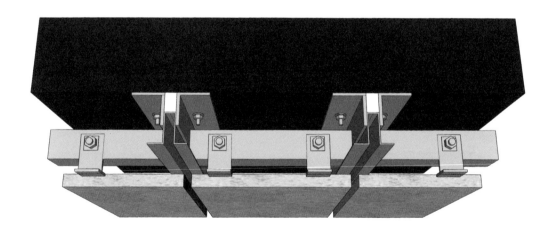

石材墙面防火卷帘轨道槽三维示意图

扫 / 码 / 观 / 看
"石材墙面防火卷帘轨道
槽"三维节点动图

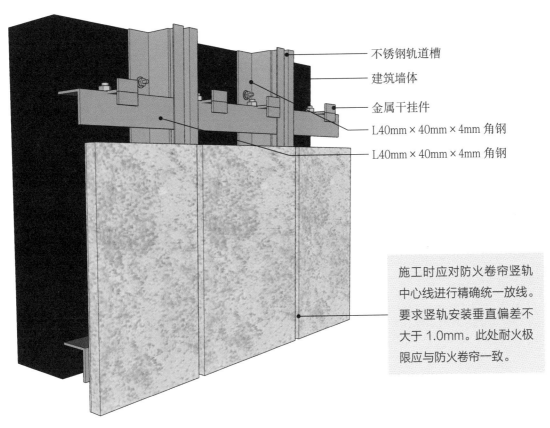

不锈钢轨道槽

建筑墙体

金属干挂件

L40mm × 40mm × 4mm 角钢

L40mm × 40mm × 4mm 角钢

施工时应对防火卷帘竖轨中心线进行精确统一放线。要求竖轨安装垂直偏差不大于 1.0mm。此处耐火极限应与防火卷帘一致。

石材墙面防火卷帘轨道槽三维示意图解析

工艺解析

按照设计图纸弹出钢架安装的位置线、石材安装的位置线以及竖向和水平的控制线。

金属干挂件用螺钉沿固定的间距固定在横向角钢上。

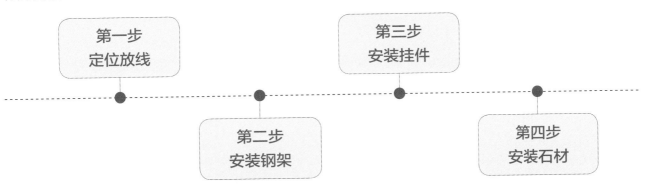

第一步
定位放线

第三步
安装挂件

第二步
安装钢架

第四步
安装石材

将 L 型 40mm × 40mm × 4mm 的角钢成对固定件用膨胀螺栓固定在原建筑墙体上，横向 L 型 40mm × 40mm × 4mm 的角钢确定位置后与角钢固定件焊接。

先将两侧石材安装在挂件上，再将不锈钢轨道槽嵌入建筑墙体基层上方的角钢固定件处，并与角钢固定件及横向角钢进行焊接，轨道槽与结构主体间的缝隙用防火材料堵封。安装不锈钢轨道，调试完后再安装两轨道中间的石材。

作为适用于卖场、超市、仓库、厂房等建筑物的防火隔热设施，防火卷帘应在封闭疏散楼梯、电梯间，通向走道处设置，以划分防火区，有效阻止火势蔓延。

石材墙面防火卷帘轨道槽实景效果图

6

金属类饰面墙面节点

　　金属类饰面墙面节点主要指的是墙面金属板，墙面金属板有铝合金装饰板、彩色涂层钢板、镁铝曲面板、不锈钢装饰板、铝塑板等材料，本章所涉及的金属板，均为铝合金装饰板。

　　金属板本身具备着保温隔热、防水阻燃、轻质抗震、施工便捷、隔音降噪、绿色环保、美观耐久等特性，因而越来越广泛地运用在家装的墙面装饰中。金属板的安装方式也各种各样，可以用专用胶粘贴，也可以用金属挂件进行连接，不同的连接方式涉及不同的施工工艺，本章将六种最具代表性的工艺摘出进行说明。

6.1
轻钢龙骨基层金属挂板墙面

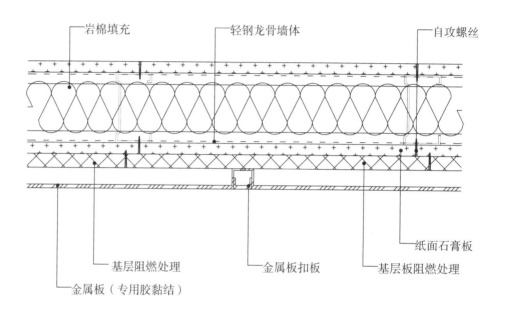

岩棉填充　　　　　轻钢龙骨墙体　　　　　自攻螺丝

基层阻燃处理　　　　金属板扣板　　　　基层板阻燃处理

金属板（专用胶黏结）　　　　　　　　　　　　纸面石膏板

轻钢龙骨基层金属挂板墙面节点图

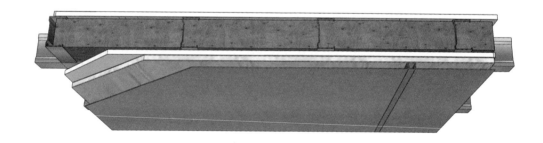

轻钢龙骨基层金属挂板墙面三维示意图

扫 / 码 / 观 / 看
"轻钢龙骨基层金属挂板
墙面"三维节点动图

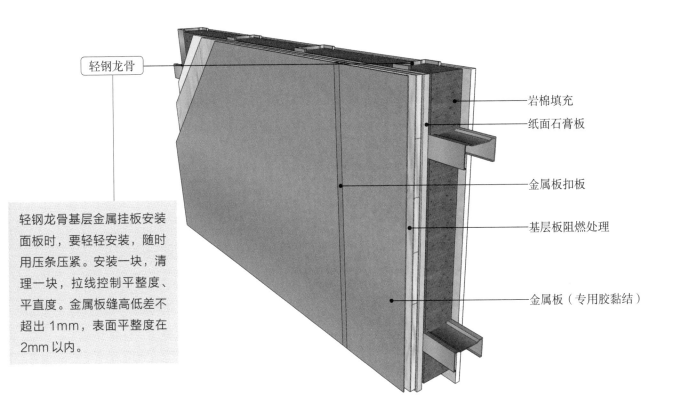

轻钢龙骨

轻钢龙骨基层金属挂板安装面板时，要轻轻安装，随时用压条压紧。安装一块，清理一块，拉线控制平整度、平直度。金属板缝高低差不超出 1mm，表面平整度在 2mm 以内。

岩棉填充

纸面石膏板

金属板扣板

基层板阻燃处理

金属板（专用胶黏结）

轻钢龙骨基层金属挂板墙面三维示意图解析

/ 墙面金属板的材料 /

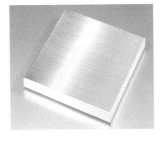

铝合金装饰板

特性：选用纯铝和铝合金为原料，经过冷压加工成的金属板。具有质量轻、易加工、防火、防潮、耐腐蚀等特点。这种材料板常用的颜色有银白、古铜、金等颜色

彩色涂层钢板

特性：是将冷轧、镀锌或者热镀的钢板为基板，板表面经过脱脂、磷化等处理，再涂上涂料的一种复合材料。具有物美价廉、良好的耐腐蚀性和装饰性及易加工性等特点，是一种用途广泛且经久耐用的板材

不锈钢装饰板

特性：不锈钢装饰板是一种特殊钢材，它耐腐蚀性优越，且可以用良好的成型性作出优越的装饰效果。主要的种类有彩色不锈钢板、镜面不锈钢板、浮雕不锈钢板等

铝塑板

特性：铝塑板全称为铝塑复合板。它以铝板为面，聚乙烯或聚氯乙烯作为芯层，经过复合工艺制成。一般铝塑板为三层复合板，厚度在 4mm~6mm 之间

工艺解析

第一步：基层处理

将基层浮灰清理干净，对不够平整、垂直度不满足要求的墙面进行修补。

第二步：定位弹线

在墙面按设计图纸在清理干净的基层上先弹好龙骨安装的位置线，而后再弹出饰面金属板的分格线，并弹出垂直及水平控制线。

第三步：安装龙骨

用抽芯铆钉或射钉沿所弹出的龙骨安装线对竖向龙骨进行安装固定，墙内其余空间用隔声棉进行填充。

第四步：基层板安装

厚石膏板用自攻螺丝与墙面龙骨固定，检查安装正确后，将经阻燃处理的基层板用木钉固定在厚石膏表面。

第五步：金属板安装

按弹出的分格线，在基层板上用专用胶将金属饰面挂板粘贴在基层板上，确认安装无误后，安装金属板扣板，并压紧、牢固。

因金属挂板墙面会对家用电器、手机等信号造成影响，通常用在商业建筑中，如酒店、宾馆的大堂、电梯间及走廊等地。

轻钢龙骨基层金属挂板墙面实景效果图

6.2
轻钢龙骨基层金属板粘贴墙面

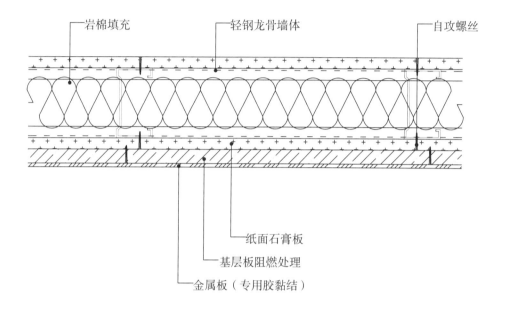

岩棉填充　　　　　轻钢龙骨墙体　　　　　自攻螺丝

纸面石膏板

基层板阻燃处理

金属板（专用胶黏结）

轻钢龙骨基层金属板粘贴墙面节点图

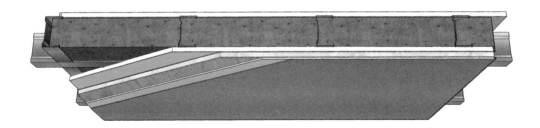

轻钢龙骨基层金属板粘贴墙面三维示意图

扫 / 码 / 观 / 看
"轻钢龙骨基层金属板粘
贴墙面"三维节点动图

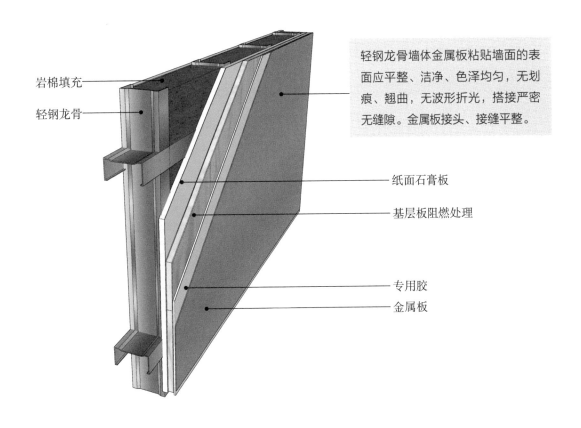

岩棉填充

轻钢龙骨

轻钢龙骨墙体金属板粘贴墙面的表面应平整、洁净、色泽均匀，无划痕、翘曲，无波形折光，搭接严密无缝隙。金属板接头、接缝平整。

纸面石膏板

基层板阻燃处理

专用胶

金属板

轻钢龙骨基层金属板粘贴墙面三维示意图解析

工艺解析

沿所弹位置线将整块金属板用专用胶粘贴在基层板上。

第一步
基层处理

第三步
安装龙骨

第五步
金属板安装

第二步
定位弹线

第四步
基层板安装

金属板的成本较高，故常用于商业建筑
的墙面，如酒店大堂等空间。

轻钢龙骨基层金属板粘贴墙面实景效果图

6.3
加气砌块基层干挂金属板墙面

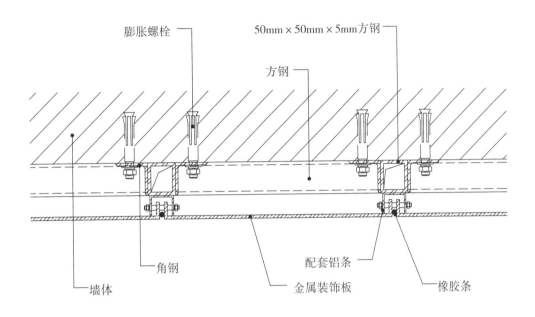

膨胀螺栓   50mm × 50mm × 5mm方钢

方钢

角钢   配套铝条

墙体   橡胶条

金属装饰板

加气砌块基层干挂金属板墙面节点图

加气砌块基层干挂金属板墙面三维示意图

扫 / 码 / 观 / 看
"加气砌块基层干挂金属
板墙面"三维节点动图

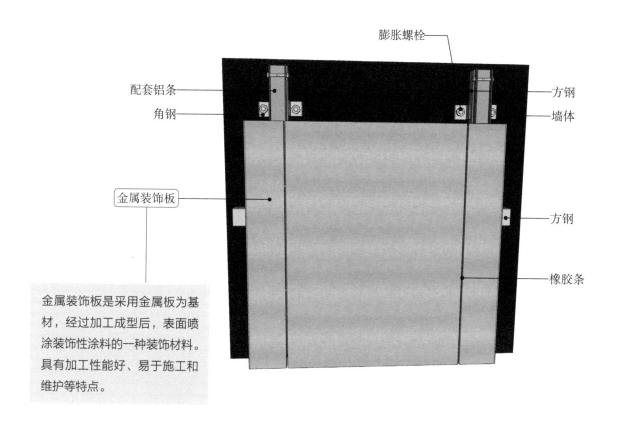

膨胀螺栓

配套铝条

角钢

金属装饰板

方钢

墙体

方钢

橡胶条

金属装饰板是采用金属板为基材，经过加工成型后，表面喷涂装饰性涂料的一种装饰材料。具有加工性能好、易于施工和维护等特点。

加气砌块基层干挂金属板墙面三维示意图解析

工艺解析

将角钢方钢及金属饰面板安装的位置线在建筑墙体上弹出，同时弹出水平与横向控制线。

将金属装饰板配套的铝条用自攻螺丝与方钢管固定，铝条侧面开孔，为不锈钢螺丝预留出安装的孔隙。

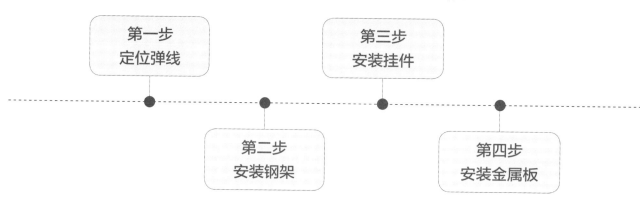

第一步 定位弹线

第三步 安装挂件

第二步 安装钢架

第四步 安装金属板

将成对的角钢用膨胀螺栓固定在建筑墙面上，竖向方钢与角钢焊接。横向方钢沿位置线与竖向方钢进行固定。

金属饰面板打孔，不锈钢螺丝穿过开孔处进行安装。金属板之间竖向缝隙用橡胶垫及橡胶条进行填充。

金属板在电线老化或用电不当的情况下，容易造成导电的安全事故，故作为电视背景墙等处的饰面板时，会对金属板做绝缘处理，如喷漆、橡胶包埋、镀层处理及表面氧化等。

加气砌块基层干挂金属板墙面实景效果图

6.4
混凝土基层金属挂板墙面

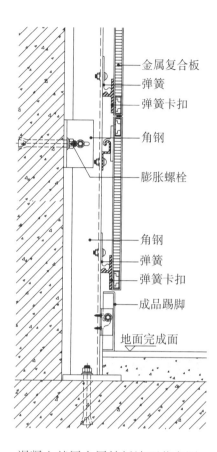

金属复合板
弹簧
弹簧卡扣
角钢
膨胀螺栓

角钢
弹簧
弹簧卡扣
成品踢脚
地面完成面

混凝土基层金属挂板墙面节点图

扫 / 码 / 观 / 看
"混凝土基层金属挂板墙
面"三维节点动图

混凝土基层金属挂板墙面三维示意图

建筑墙体
膨胀螺栓
角钢

金属复合板

成品踢脚
地面完成面

在金属挂板安装完后，如要铺设硅胶、反水、胶条或型材时，应将板面上的保护膜撕开，并及时将板面污染物清理干净。

混凝土基层金属挂板墙面三维示意图解析

/ 其他金属装饰材料 /

① 铁制品

铁作为黑色金属材料，强度高、硬度大、耐用及结构性能良好，但光泽感不强，厚重而冷峻。通过各种弧线变化和油漆装饰工艺可以使铁艺产品更加的古朴、高雅，它广泛适用于楼梯扶手、门窗、护栏、各种铁艺家具、艺术品等。

② 铜制品

铜是古老的建筑材料，经铸造、机械加工成型，具有抗腐蚀、色泽光亮、抗氧化性强等特点。铜材常用于外墙板、把手、门锁、纱窗、建筑壁炉等部位。

③ 装饰五金

装饰五金指的是用五金制作成的机器零件或部件以及一些小五金制品。它可以单独用，也可以作辅助用具。例如五金工具、五金零部件、日用五金、建筑五金以及安防用品等。

工艺解析

第一步：定位弹线

在建筑墙面上弹出横竖角钢安装的位置线以及复合金属板的分格线，同时弹出竖向及水平的控制线。

第二步：安装钢架

将角钢分别按所弹墨线安装，用膨胀螺栓固定在建筑墙面与顶棚，地面用膨胀螺栓预埋镀锌钢板。竖向角钢确定好位置后，与墙面、顶棚的角钢以及地面的镀锌钢板焊接。

第三步：安装挂件

将金属连接件与弹簧按金属板的分格线，分别用螺丝安装每段分格线的上下。同时，在每块金属复合板的相应位置安装金属挂钩及弹簧卡扣。安装完后进行试装，确定挂件位置正确后进行固定。

第四步：安装踢脚

将成品踢脚沿地面完成面，用带轴销的螺丝固定在竖向的角钢上方，角钢与成品踢脚间用螺丝进行固定。

第五步：安装金属复合板

金属挂钩与金属连接件搭接，弹簧卡扣与弹簧搭接，确认安装后的金属复合板无倾斜及板面高差等问题后，在搭接的挂件间挤入万用胶进行固定，每块金属复合板间的缝隙用胶条进行填充。

银灰色的金属板作墙面装饰板，简单清爽
又不失轻奢的时尚高级感，使室内更加具
有独特的个性。

混凝土基层金属挂板墙面实景效果图

6.5
混凝土基层金属板粘贴墙面

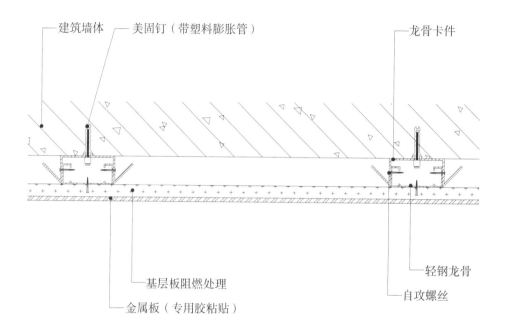

建筑墙体　美固钉（带塑料膨胀管）　龙骨卡件

基层板阻燃处理

金属板（专用胶粘贴）

轻钢龙骨

自攻螺丝

混凝土基层金属板粘贴墙面节点图

混凝土基层金属板粘贴墙面三维示意图

扫 / 码 / 观 / 看
"混凝土基层金属板粘贴
墙面"三维节点动图

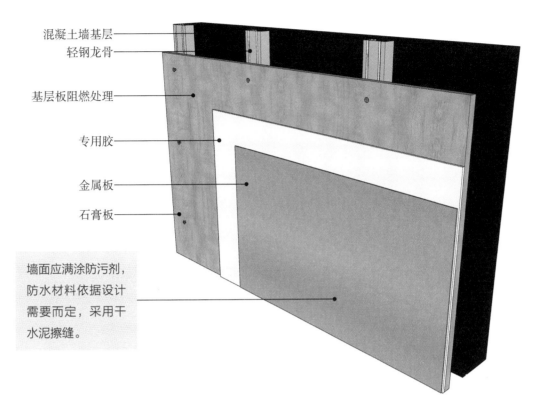

混凝土墙基层

轻钢龙骨

基层板阻燃处理

专用胶

金属板

石膏板

墙面应满涂防污剂，防水材料依据设计需要而定，采用干水泥擦缝。

混凝土基层金属板粘贴墙面三维示意图解析

工艺解析

将竖向龙骨卡入龙骨卡件内，并用带塑料膨胀管的美固钉钉入建筑墙体进行固定。

将金属板用专用胶粘贴在基层板表面。

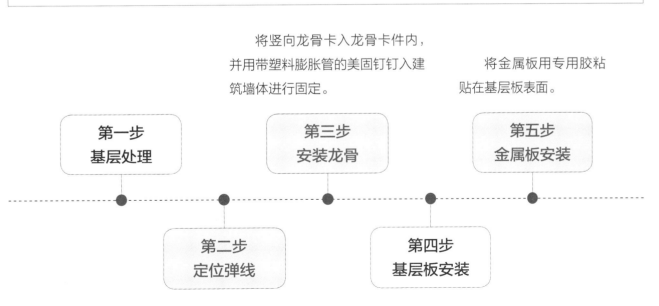

第一步
基层处理

第三步
安装龙骨

第五步
金属板安装

第二步
定位弹线

第四步
基层板安装

从墙面弹出龙骨安装的位置线，用水准仪在墙壁大角处弹出水平及竖向控制线。

金属板难做造型，且安装不易，所以常常都是裁作大小不一的矩形进行拼接安装。

混凝土基层金属板粘贴墙面实景效果图

6.6
混凝土隔墙木基层不锈钢做法

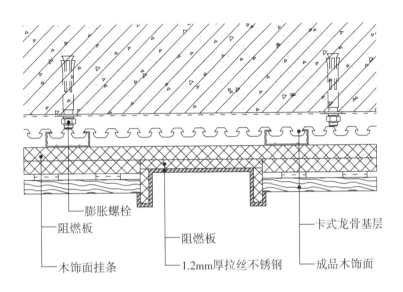

膨胀螺栓

阻燃板

木饰面挂条

阻燃板

1.2mm厚拉丝不锈钢

卡式龙骨基层

成品木饰面

混凝土隔墙木基层不锈钢做法节点图

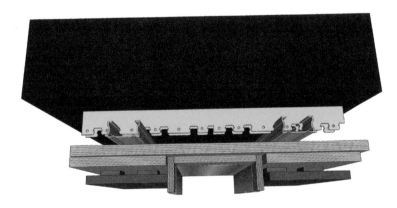

混凝土隔墙木基层不锈钢做法三维示意图

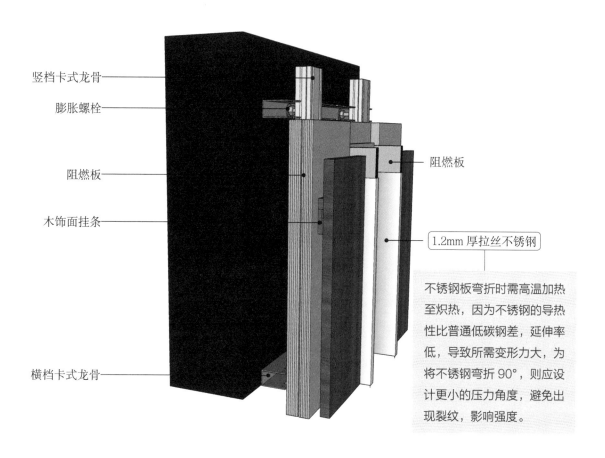

竖档卡式龙骨

膨胀螺栓

阻燃板

木饰面挂条

横档卡式龙骨

阻燃板

1.2mm 厚拉丝不锈钢

不锈钢板弯折时需高温加热至炽热，因为不锈钢的导热性比普通低碳钢差，延伸率低，导致所需变形力大，为将不锈钢弯折 90°，则应设计更小的压力角度，避免出现裂纹，影响强度。

混凝土隔墙木基层不锈钢做法三维示意图解析

/ 不锈钢板的拉丝性能 /

①干磨拉丝

不锈钢板在经过表面处理后，可加工成为长丝和短丝这最常见的两类，可以良好地满足一般装饰材料的要求。通常来说，不锈钢在一次磨砂后都可以形成较好的拉丝效果。这种干磨拉丝的主要特点是造价低廉、操作简单、加工费低且应用面广。

②油磨拉丝

不锈钢经油磨拉丝后体现出完美的装饰效果，这类加工后的不锈钢广泛地运用在电梯、家电等的装饰面板上。有些拉丝也分长短丝，冷轧油磨和热轧油磨的效果不分伯仲，均可在一个磨砂过程后达到良好效果。电梯装饰的不锈钢板一般采用长丝，其余装饰类不锈钢板两种纹路都可以选择。

工艺解析

第一步：定位弹线

按图纸在清洁的墙面弹出龙骨的安装线，同时弹出木饰面与不锈钢饰面安装的分格线以及竖向和水平的控制线。

第二步：安装卡式龙骨

用膨胀螺栓将卡式龙骨固定在建筑墙面上，将U型轻钢龙骨与卡式龙骨卡槽连接固定，U型轻钢龙骨之间间距为300mm。

第三步：基层找平

阻燃板做找平处理用钢钉与U型龙骨固定，取两块阻燃板垂直地沿分格线安装，也可使用单层阻燃板，根据实际情况进行选择。

第四步：安装不锈钢

分格线中央再垫一层多层板，而后将1.2mm厚拉丝不锈钢用枪钉固定在多层板基层上，左右两边垫刷防火涂料三遍的细木工板，再用木钉在细木工板表面固定木饰面挂条，成品木饰面背面相应位置同样用木钉固定好木饰面挂条。

第五步：安装木饰面

将细木工板上的木饰面挂条与木饰面背面的挂条嵌合，确定所挂木饰面无误后用胶将嵌合的木饰面挂条黏合牢固。

木料与不锈钢的连接，是工业元素与自
然元素的碰撞，在卧室、厅堂等地使用
更加具有设计感。

混凝土隔墙木基层不锈钢做法实景效果图

7

玻璃类饰面节点

　　玻璃是一种非常现代的材料，种类繁多，不仅有平时运用很多的平板玻璃、彩绘玻璃等，还有一些融合了艺术感的玻璃，是装饰材料，也是艺术品，但不论是作为装饰还是作墙面安装的材料，它都能为家居空间营造时尚而高雅的韵味。

　　玻璃类饰面，即采用钢化玻璃、磨砂玻璃、印花玻璃等材料搭配其他材料固定而成，具有厚度薄、透光性佳等优点。在室内空间中，玻璃类饰面适合安装在餐厅、厨房、浴室等区域，既可以实现对空间的分隔效果，又不会阻碍空间的通透性。

7.1
纸面石膏板基层玻璃墙面

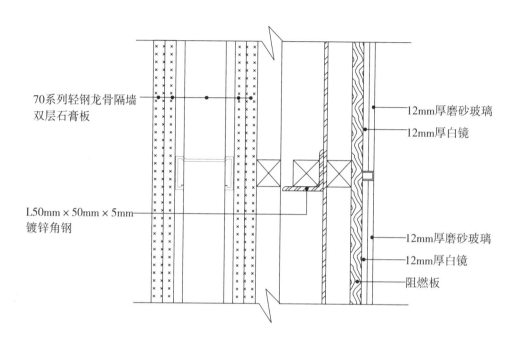

70系列轻钢龙骨隔墙
双层石膏板

L50mm × 50mm × 5mm
镀锌角钢

12mm厚磨砂玻璃
12mm厚白镜

12mm厚磨砂玻璃
12mm厚白镜
阻燃板

纸面石膏板基层玻璃墙面节点图

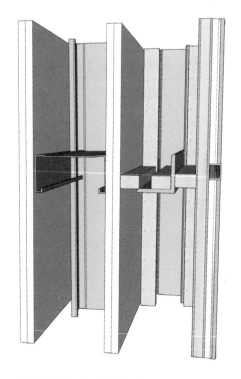

纸面石膏板基层玻璃墙面三维示意图

扫 / 码 / 观 / 看
"纸面石膏板基层玻璃墙
面"三维节点动图

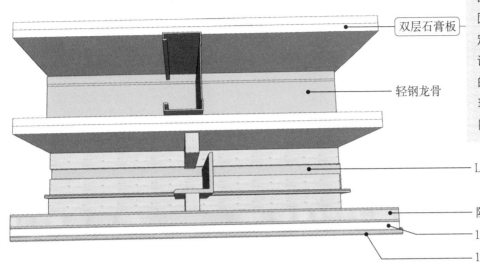

石膏板与沿地、沿顶及沿墙的龙骨等建筑围护结构内表面，应衬垫弹性密封材料后固定。当无设计说明时，固定点间距不应大于800mm。该节点主要针对有厚度需求的玻璃墙面，若无厚度需求，玻璃直接用阻燃板做基层，固定在纸面石膏板上即可。

双层石膏板

轻钢龙骨

L50mm×50mm×5mm 镀锌角钢

阻燃板

12mm 厚白镜

12mm 厚磨砂玻璃

纸面石膏板基层玻璃墙面三维示意图解析

/ 墙面常用玻璃分类 /

平板玻璃

深加工平板玻璃

包含种类：喷砂玻璃、磨砂玻璃、镜面玻璃、烤漆玻璃、彩色玻璃等

用途：门、窗、隔断、吊顶等

安全玻璃

包含种类：钢化玻璃、贴膜玻璃等

用途：门、窗、隔断等

艺术玻璃

彩绘玻璃

包含种类：现代数码彩绘黏合玻璃及手绘彩绘玻璃

用途：背景墙、门、隔断、吊顶等

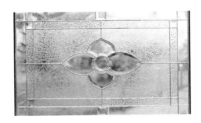

镶嵌玻璃

包含种类：素色镶嵌玻璃、彩色镶嵌玻璃

用途：门、隔断、屏风、吊顶等

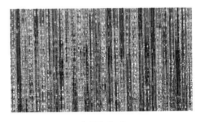

夹层玻璃

包含种类：夹丝玻璃、夹布玻璃、夹网玻璃、夹绢玻璃等

用途：背景墙、门、隔断、屏风等

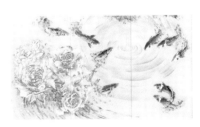

雕刻玻璃

包含种类：人工雕刻玻璃和电脑雕刻玻璃

用途：背景墙、门、隔断、屏风等

工艺解析

第一步：测量放线

根据设计图纸尺寸测量放线，测出基层面的标高，玻璃墙中心轴线及上、下部位，收口不锈钢槽的位置线。落地无框玻璃隔墙应留出地面饰面厚度及顶部限位标高。

第二步：钻孔安装角钢铁件

如果没有预埋铁件，或预埋铁件位置已不符合要求，则应先在 70 系列轻钢龙骨隔墙的双层石膏板上用金属膨胀螺栓焊牢。然后将 L50mm×50mm×5mm 的镀锌角钢按已弹好的位置线安放好，在检查无误后随即与预埋铁件或金属膨胀螺栓焊牢。

第三步：安装阻燃板

用阻燃板做玻璃的基层。

第四步：粘贴墙面玻璃

将 12mm 厚的白镜与磨砂玻璃分段粘贴固定在细木工板上，中间分段处用 1.2mm 厚表面白色亚光烤漆的不锈钢作为截断点用膨胀螺栓与细木工板固定。

玻璃墙面安装时需严贴墙面，避免水、气进入影响整体墙面的美感。除在厨房墙面安装玻璃防溅外，也可在客厅处分块安装成没有明确界线的弧形玻璃墙，使空间充满宜人的流动感。

纸面石膏板基层玻璃墙面实景效果图

7.2
混凝土基层玻璃挂板墙面

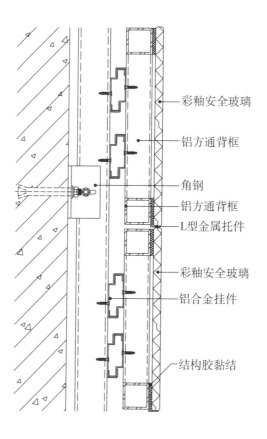

彩釉安全玻璃

铝方通背框

角钢

铝方通背框

L型金属托件

彩釉安全玻璃

铝合金挂件

结构胶黏结

混凝土基层玻璃挂板墙面节点图

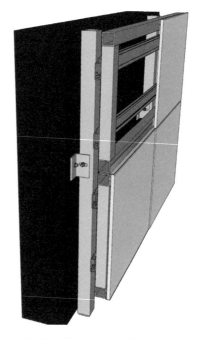

混凝土基层玻璃挂板墙面三维示意图

扫 / 码 / 观 / 看
"混凝土基层玻璃挂板墙
面"三维节点动图

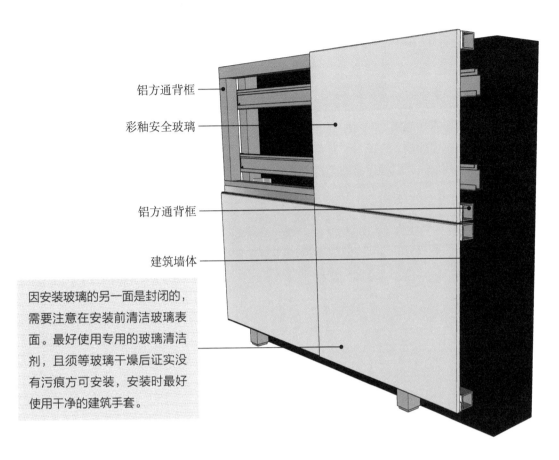

铝方通背框

彩釉安全玻璃

铝方通背框

建筑墙体

因安装玻璃的另一面是封闭的，需要注意在安装前清洁玻璃表面。最好使用专用的玻璃清洁剂，且须等玻璃干燥后证实没有污痕方可安装，安装时最好使用干净的建筑手套。

混凝土基层玻璃挂板墙面三维示意图解析

/ 钢化玻璃的选购技巧 /

① 品牌标识

选择有外包装，标有品牌、厂址和合格证的产品，没有外包装的产品尽量不要选购。玻璃上需有钢化玻璃 CCC 的认证和相应的品牌标识。

② 敲击玻璃

在选购玻璃时可以用指关节敲击玻璃表面，钢化玻璃的声音较清脆，普通玻璃的声音较沉闷，以此对钢化玻璃做一个初步的判断。

③ 玻璃花纹

正品的钢化玻璃仔细观察可以看见隐约的花纹，选择玻璃时可以在光线充足的地方查看玻璃是否有花纹。

④ 玻璃安装

购买玻璃前询问厂家是否可以上门进行安装，避免施工人员安装不当而增加危险系数和玻璃自爆的可能性。

工艺解析

第一步：测量放线

用水平仪在墙体安装装饰玻璃的位置放出垂直线及水平控线，并按长宽分档，来确定龙骨位置，同时弹出墙面的中心线及边线。

第二步：安装方通

用膨胀螺栓与 L 型角钢将镀锌的方通竖向固定在建筑墙面、顶面，同时按一定的间距将横向方钢管用螺钉固定在竖向方钢管上方，经拉拔试验合格后，进行下一步操作。

第三步：安装挂件材料

将铝合金挂件两边分别用螺钉固定在方管和铝方通背框上，金属挂件安装的数量根据装饰玻璃的大小面积确定。

第四步：安装玻璃

将彩釉安全玻璃通过铝方通背框伸出的 L 型金属托件从下至上分段用结构胶进行贴装，玻璃刚贴装完成后需对板块进行调整，保证玻璃的横平竖直，调整完成后再进行固定。彩釉安全玻璃可与成品金属踢脚相接。

第五步：清理保护

将玻璃表面及墙面的胶迹灰尘等清理干净后，对安装好的彩釉安全玻璃做好成品保护，避免受到外界污染。

与瓷砖墙面相比，玻璃墙面的安装手续更加简单，只需用铁条固定在墙面即可，同时也可以按照个性化需求定制所需的图案。

混凝土基层玻璃挂板墙面实景效果图

7.3
混凝土基层玻璃粘贴墙面

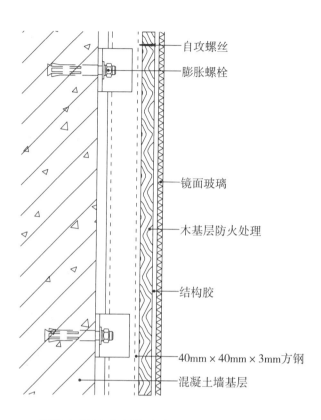

- 自攻螺丝
- 膨胀螺栓
- 镜面玻璃
- 木基层防火处理
- 结构胶
- 40mm×40mm×3mm方钢
- 混凝土墙基层

混凝土基层玻璃粘贴墙面节点图

扫／码／观／看
"混凝土基层玻璃粘贴墙
面"三维节点动图

混凝土基层玻璃粘贴墙面三维示意图

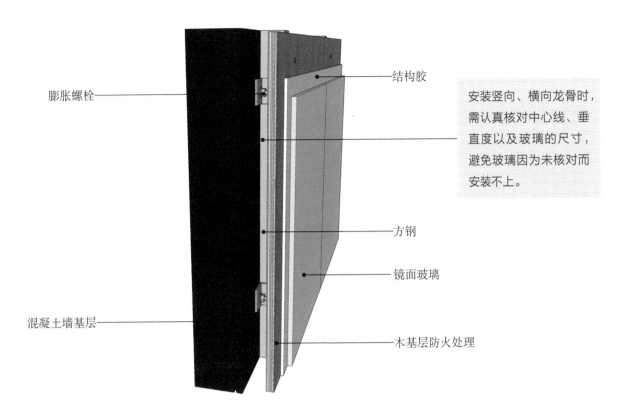

膨胀螺栓

结构胶

安装竖向、横向龙骨时，需认真核对中心线、垂直度以及玻璃的尺寸，避免玻璃因为未核对而安装不上。

方钢

镜面玻璃

混凝土墙基层

木基层防火处理

混凝土基层玻璃粘贴墙面三维示意图解析

/ 如何使用玻璃胶粘贴固定玻璃墙面 /

玻璃胶，主要成分为硅酸钠和醋酸以及有机性的硅酮组成，是将各种玻璃与其他基材进行黏结和密封的材料。主要分两大类：硅酮胶和聚氨酯胶。硅酮胶又分为酸性胶和中性胶、结构胶等。聚氨酯胶分为黏结胶和密封胶。即结构胶是玻璃胶的一种。

① 使用：单组分硅酮玻璃胶可以即时使用，它能轻易地用打胶枪从胶瓶中打出，然后用抹刀或者木片修整表面。

② 黏结时间：硅酮胶是从外至内固化的，一般来说，酸性胶、中性透明胶表干时间在 5~10 分钟内，中性杂色胶在 30 分钟以内。

③ 固化时间：玻璃胶的固化时间随着胶的厚度增加而增加，若使用玻璃胶的地方部分或全部封闭，那么固化时间由封闭的严密程度决定。黏结玻璃时，需注意控制胶厚度，使其室温 72 小时后就具有规定的抗剥离强度。

④ 黏结：物体按标准将表面清洗干净，将玻璃胶均匀涂抹在清洁完毕的物体表面，找位置放好，用足够的应力挤压出空气，应注意力度，不要把玻璃胶挤压出来。等待玻璃胶在室温条件下固化。

⑤ 密封：将物体表面清理干净，将玻璃胶挤入结合面或缝隙中，使其与要密封的外表面充分接触。

⑥ 清洁：玻璃胶未固化前可以用布料或者纸巾擦去，固化后用刮刀刮去，或者用含二甲苯、丙酮等的溶剂进行擦洗。

工艺解析

第一步：墙面定位弹线

根据设计图纸，在墙面上弹出垂直线、水平线，以及安装横竖龙骨、隔墙玻璃的位置线。

第二步：钻孔安装角钢固定件

将 40mm×40mm×3mm 的方钢通过角钢固定在混凝土基层墙面，角钢一面用膨胀螺栓固定在基层墙面上，一面与方钢焊接在一起。

第三步：固定竖向龙骨

按分档位置安装竖向龙骨，上下两端插入天地龙骨，调整竖向龙骨位置，确定其定位准确后用抽芯铆钉进行固定。

第四步：固定横向龙骨

按设计要求，当墙面高度大于 3m 时应增加安装横向龙骨，横向龙骨用抽芯铆钉或螺丝进行固定。

第五步：安装基层板

先将木板进行防火、防腐的处理，然后将木板作为基层用自攻螺丝固定在 40mm×40mm×3mm 的方钢之上，金属挂件按自攻螺钉的间距在木基层上固定。

第六步：粘贴钢化玻璃

先将结构胶按一定的间距以条状粘贴在木基层上，然后将镜面玻璃通过挂件安装，调整好玻璃的水平及垂直度后，粘贴固定。

当需要装饰的位置面积较大时，平面式的铺贴可能会使人感觉单调。此时，可以采用拼花的方式来设计玻璃，如边缘部分做几何形的拼贴，中间使用大块面的造型等，可使整体在保持统一感的同时避免单调感。

混凝土基层玻璃粘贴墙面实景效果图

7.4
混凝土基层点挂式玻璃墙面

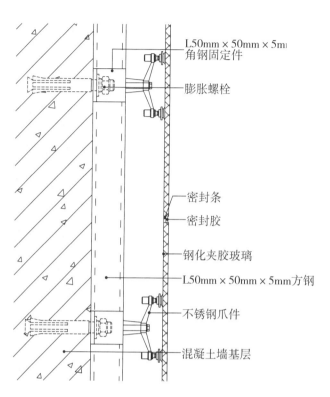

L50mm × 50mm × 5mm
角钢固定件

膨胀螺栓

密封条

密封胶

钢化夹胶玻璃

L50mm × 50mm × 5mm方钢

不锈钢爪件

混凝土墙基层

混凝土基层点挂式玻璃墙面节点图

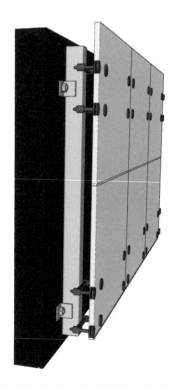

扫 / 码 / 观 / 看
"混凝土基层点挂式玻璃
墙面"三维节点动图

混凝土基层点挂式玻璃墙面三维示意图

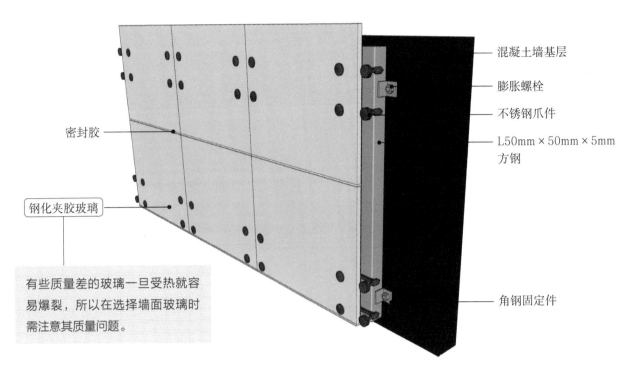

混凝土墙基层

膨胀螺栓

不锈钢爪件

L50mm×50mm×5mm
方钢

角钢固定件

密封胶

钢化夹胶玻璃

有些质量差的玻璃一旦受热就容易爆裂，所以在选择墙面玻璃时需注意其质量问题。

混凝土基层点挂式玻璃墙面三维示意图解析

工艺解析

在墙体上安装钢化夹胶玻璃的位置放出水平线与垂直线，按长宽进行分档，确定方钢位置，并弹出墙面的中心线及边线。

将不锈钢爪件用膨胀螺栓与方钢固定，爪件两端连接有不锈钢固定螺丝，确定爪件安装是否符合要求。

将玻璃表面灰尘与胶迹清理干净后进行成品保护，预防外界的污染。

第一步
测量放线

第三步
安装挂件材料

第五步
清理保护

第二步
安装方钢管

第四步
安装玻璃

用膨胀螺栓将角钢固定件固定在混凝土基层上，并与定好位置的方钢进行焊接。

将钢化夹胶玻璃通过不锈钢固定螺丝从下至上分块安装，各钢化夹胶玻璃接缝处用密封条及密封胶进行密封。

点挂式玻璃墙面可以在相同的地基条件下提高建筑物的高度，且玻璃的价格较低，用在公共场所内也一定程度上解决了建筑工程成本的控制问题。

混凝土基层点挂式玻璃墙面实景效果图

7.5
轻钢龙骨基层玻璃墙面

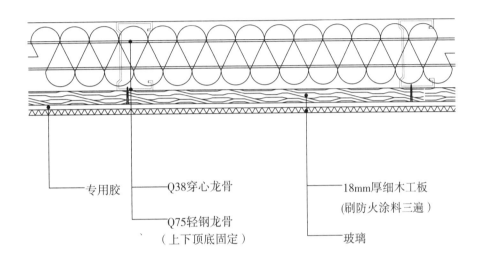

专用胶

Q38穿心龙骨

Q75轻钢龙骨
（上下顶底固定）

18mm厚细木工板
（刷防火涂料三遍）

玻璃

轻钢龙骨基层玻璃墙面节点图

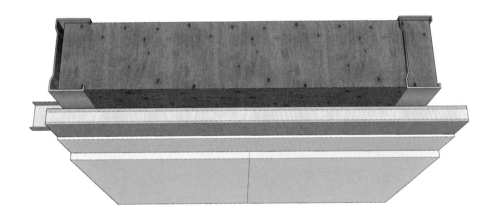

轻钢龙骨基层玻璃墙面三维示意图

扫 / 码 / 观 / 看
"轻钢龙骨基层玻璃墙面"
三维节点动图

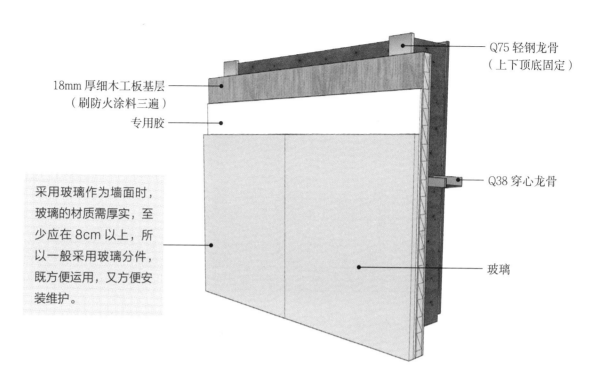

18mm 厚细木工板基层
（刷防火涂料三遍）

专用胶

Q75 轻钢龙骨
（上下顶底固定）

Q38 穿心龙骨

玻璃

采用玻璃作为墙面时，玻璃的材质需厚实，至少应在 8cm 以上，所以一般采用玻璃分件，既方便运用，又方便安装维护。

轻钢龙骨基层玻璃墙面三维示意图解析

/ 艺术玻璃装饰墙面的优点 /

① 高透光性和选择透过性

艺术玻璃的高透光性是一般装饰材料比不上的。它可以使光线通过漫散射充满整个房间，解决了阳光直射引起的不适感。阳光通过艺术玻璃能达到二次透光，甚至是三次透光，大大提高室内的光环境水平，使光线扩散，从而使室内的氛围稳定、柔和。

② 节能环保

艺术玻璃属钠钙硅酸盐玻璃系统，是由石英砂、纯碱、石灰石等硅酸盐无机矿物质原料高温熔化而成的透明材料，是绿色环保的产品。且其无毒无害、没有放射性物质、纯净、没有异味、没有发生化学反应的条件，不会对人体构成任何侵害。此外艺术玻璃不仅不会产生光污染，而且能减弱其他物质带来的光污染，调整室内光线的布局。

③ 隔音

艺术玻璃作为穿透性隔音材料，无论是嘈杂的马路还是在工厂周围使用，都能取得良好的隔音效果。马路上的噪音，在低频率领域时，能调节到安静的办公室的水准，在高频率领域时，能调节到夜间住宅的水准。因此，艺术玻璃是解决较高隔音要求的理想途径。

工艺解析

第一步：准备工作

根据图纸要求，选取 18mm 厚的细木工板、玻璃、Q38 的穿心龙骨、Q75 的轻钢龙骨等施工材料，并确定所有材料强度达到设计要求后，再进行下一步工序。

第二步：现场放线

弹出各龙骨的定位墨线，并用经纬仪弹出垂直和水平的控制线。

第三步：材料加工

将穿心龙骨、轻钢龙骨以及细木工板裁成设计要求尺寸，对细木工板刷三遍防火涂料。

第四步：基层处理

清洁墙壁表面污渍，将墙面缺损处用 1：3 的水泥砂浆进行填充，保证墙面的平整后，进行抹灰并刮腻子。

第五步：安装龙骨

将 Q75 的轻钢龙骨沿所弹墨线固定在基层墙面上，Q38 穿心龙骨过竖向轻钢龙骨预留的孔洞贯通，形成一个稳定的轻钢龙骨基层。

第六步：细木工板基层

将刷防火涂料三遍的细木工板用枪钉固定在轻钢龙骨基层上。

第七步：安装玻璃

将细木工板表面清理干净，确定玻璃无划痕损伤后，用艺术玻璃的专用胶将玻璃粘贴在细木工板上。

第八步：完成面处理

将玻璃表面灰尘与胶迹清理干净后进行成品保护，预防外界的污染。

墙面上的镜面玻璃反射了顶棚上灯带的线
条，使整个空间充满了科技感。

轻钢龙骨基层艺术玻璃墙面实景效果图

7.6
玻璃砖墙

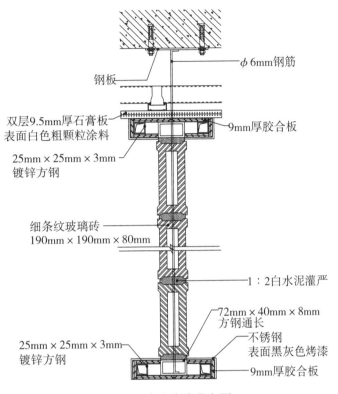

ϕ 6mm钢筋

钢板

双层9.5mm厚石膏板
表面白色粗颗粒涂料

9mm厚胶合板

25mm × 25mm × 3mm
镀锌方钢

细条纹玻璃砖
190mm × 190mm × 80mm

1：2白水泥灌严

72mm × 40mm × 8mm
方钢通长

不锈钢
表面黑灰色烤漆

25mm × 25mm × 3mm
镀锌方钢

9mm厚胶合板

玻璃砖墙节点图

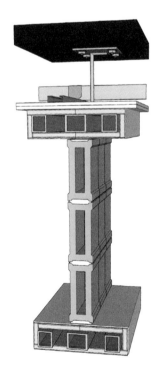

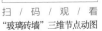

扫 / 码 / 观 / 看
"玻璃砖墙"三维节点动图

玻璃砖墙三维示意图

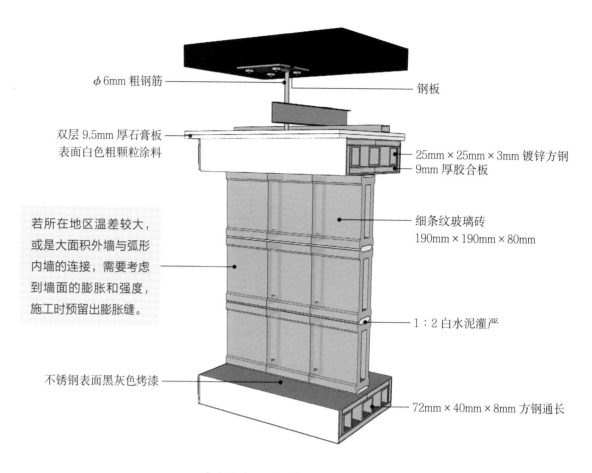

φ6mm 粗钢筋

钢板

双层 9.5mm 厚石膏板
表面白色粗颗粒涂料

25mm×25mm×3mm 镀锌方钢
9mm 厚胶合板

细条纹玻璃砖
190mm×190mm×80mm

若所在地区温差较大，或是大面积外墙与弧形内墙的连接，需要考虑到墙面的膨胀和强度，施工时预留出膨胀缝。

1：2 白水泥灌严

不锈钢表面黑灰色烤漆

72mm×40mm×8mm 方钢通长

玻璃砖墙三维示意图解析

/ 玻璃砖按表面效果分类 /

光面玻璃砖

空心玻璃砖的一种，采用完全透明的光面玻璃制作，适合用在隐私性不强的区域

雾面玻璃砖

采用磨砂或喷砂玻璃制作，大部分为双雾面，也有单雾面的款式，透光不透视，可保证隐私性

压花玻璃砖

采用压花玻璃制作，装饰性较强，较适合用在隐私性不强的区域

工艺解析

第一步：放线

按照图纸在地面弹线，以玻璃砖的厚度为轴心，弹出中心线。

第二步：固定周边框架

用膨胀螺栓将钢固定于楼板，直径为 6mm 的通丝吊杆与之焊牢。顶棚双层纸面石膏板和地面都与外包不锈钢的方形中空胶合板固定，不锈钢表面有黑灰色烤漆，胶合板厚 9mm，且中间有通长为 72mm×40mm×8mm 的方管，两边方管尺寸为 25mm×25mm×3mm。

第三步：扎筋

当隔墙高度尺寸超过规定时，应在垂直方向上每 2 层玻璃砖水平布置一根钢筋；当隔墙长度尺寸超出规定尺寸时，应在水平方向每 3 个缝垂直布置一根钢筋。钢筋每端伸入金属型材框的尺寸不得小于 35mm，用钢筋增强的室内隔墙高度不得超过 4m。

第四步：制作白水泥浆

水泥砂浆用作砌筑玻璃砖隔墙，采用水泥：细沙为 1：2 的比例制作白水泥浆，然后兑入生态环保胶水。白水泥浆要有一定的稠度，以不流淌为好。

第五步：砌筑玻璃砖隔墙

自上而下排砖砌筑，砌筑前在玻璃砖凹槽内放置十字定位架，砌筑时将上层玻璃砖压在下层玻璃砖上，同时使玻璃砖中间槽卡在定位架上，两层玻璃砖的间距为 5mm~10mm，每砌一层用湿布将玻璃砖面上沾着的水泥浆擦去。顶部玻璃砖采用木楔固定。

第六步：勾缝

砌筑完成后，顺着横竖缝隙勾缝，先勾水平缝再勾竖缝，缝内要平滑且深度一致。勾缝后，用湿布或棉纱将表面擦洗干净，待勾缝砂浆达到强度后用硅树脂胶涂敷。

第七步：边饰处理

对玻璃砖外框进行装饰处理，采用木饰边装饰。当采用金属型材时，其与建筑墙体和屋顶的结合部，以及空心砖玻璃砌体与金属型材框翼端的结合部应用弹性密封剂密封。

玻璃砖在防尘及防潮、防结露雾化方面有着出色的作用，用在客厅时，可以营造一个不会雾化的清爽氛围。

玻璃砖墙实景效果图

7.7
玻璃隔墙

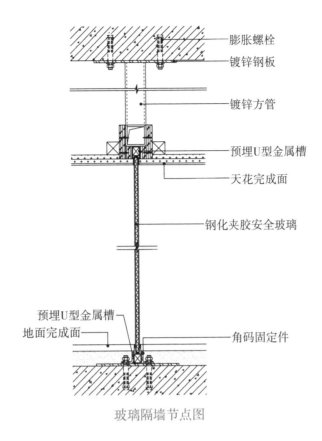

膨胀螺栓
镀锌钢板
镀锌方管
预埋U型金属槽
天花完成面
钢化夹胶安全玻璃
预埋U型金属槽
地面完成面
角码固定件

玻璃隔墙节点图

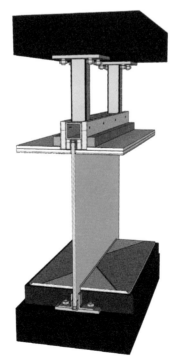

玻璃隔墙三维示意图

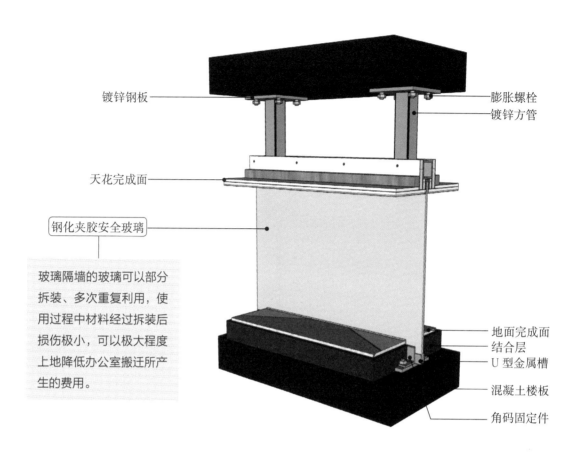

玻璃隔墙三维示意图解析

镀锌钢板

膨胀螺栓

镀锌方管

天花完成面

钢化夹胶安全玻璃

玻璃隔墙的玻璃可以部分拆装、多次重复利用，使用过程中材料经过拆装后损伤极小，可以极大程度上地降低办公室搬迁所产生的费用。

地面完成面

结合层

U 型金属槽

混凝土楼板

角码固定件

/ 玻璃施工和使用中的注意事项 /

① 运输材料的过程中，需注意对玻璃进行固定并加垫软护垫。玻璃一般采用竖立方法运输，运输的车辆应保持匀速稳定地行驶。

② 玻璃进场安装前，应对每块玻璃进行检查，观察玻璃的镀膜是否符合要求，合格后再进行安装，避免玻璃出现黑色痕迹，影响美观。

③ 安装装饰压条时，应吊线并拉水平线进行控制，安完后确定其是否横平竖直。

④ 玻璃安装时，需用硅酮密封胶进行固定，若是进行窗户的安装，还需要与橡胶密封条等配合使用。

⑤ 安装橡胶条时，胶条的规格要与玻璃进行匹配，尺寸不得过大或过小，需嵌入得平整密实，接口处用密封胶填充紧实，以达到不漏水为准。

⑥ 在施工完毕后，需注意在玻璃墙面上加贴防撞的警告标志，一般可用不干贴、彩色电工胶布等给出提示。

工艺解析

第一步：测量放线

根据设计图纸尺寸测量放线，测出基层面的标高，玻璃墙中心轴线及上、下部位，收口不锈钢槽的位置线。落地无框玻璃隔墙应留出地面饰面厚度及顶部限位标高。

第二步：处理预埋铁件

将镀锌钢板用膨胀螺栓固定在顶面，镀锌方管与天花完成面预埋的 U 型槽以及镀锌钢板进行焊接。地面完成层的预埋 U 型金属槽则用角码固定件进行固定。

第三步：涂刷防腐、防锈涂料

U 型钢材料在安装前应刷好防腐涂料，焊好后在焊接处应再补刷防锈漆。

第四步：制作吊挂玻璃支撑架

当较大面积的玻璃隔墙采用吊挂式安装时，应先在建筑结构或板下做出吊挂玻璃的支撑架并安好吊挂玻璃的夹具及上框。

第五步：安装玻璃

先将边框内的槽口清理干净并垫好防震橡胶垫块。用 2~3 个玻璃吸器把厚玻璃吸牢，调整玻璃位置，先将玻璃推到墙边，使其插入贴墙的边框槽口内，然后安装中间部位的玻璃。两块玻璃之间接缝时应留 2mm~3mm 的缝隙为打胶做准备，应在玻璃下料时计算留缝宽度尺寸。

第六步：嵌缝打胶

玻璃就位后校正平整度、垂直度，同时用聚苯乙烯泡沫嵌条嵌入槽口内平伏、紧密地接合玻璃与金属槽，然后打硅酮结构胶。注胶时，将结构胶均匀注入缝隙中，注满后用塑料片在厚玻璃的两面刮平玻璃胶，清洁玻璃表面的胶迹。

第七步：装饰边框

精细加工玻璃边框作为墙面或地面的饰面层时，则应用 9mm 胶合板作衬板，用不锈钢等金属饰面材料，做成所需的形状，然后用胶粘贴于衬板上，从而得到表面整齐、光洁的边框。

第八步：清洁及成品保护

玻璃隔墙安装好后，先用棉纱和清洁剂清洁玻璃表面的胶迹和污痕，然后用粘贴不干胶条、磨砂胶条等办法做出醒目的标志，以防发生碰撞玻璃的意外。

玻璃具有悬挂结构、浮动节点和良好的层间变
位适应性，作为室内隔墙时可以提高建筑物的
抗震性能。

玻璃隔墙实景效果图

8

墙砖类墙面节点

墙砖作为常用墙面装饰材料之一，用在不同的地方有不一样的作用。墙砖作为踢脚线处的装饰时，可以保护墙基不受鞋、桌椅凳脚污染，而用在浴室、水池时，墙砖则需兼顾防潮、耐磨、美观等一系列的作用。

墙砖从外观上分类，可分为釉面砖和非釉面砖。本章主要就轻钢龙骨基层和混凝土基层的陶瓷墙砖以及硅酸钙板基层陶瓷墙砖这些常见墙砖类墙面节点的施工工艺以及一些需要注意的要点进行重点说明。

8.1
轻钢龙骨基层陶瓷墙砖墙面

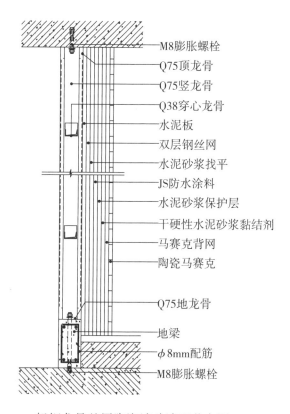

M8膨胀螺栓
Q75顶龙骨
Q75竖龙骨
Q38穿心龙骨
水泥板
双层钢丝网
水泥砂浆找平
JS防水涂料
水泥砂浆保护层
干硬性水泥砂浆黏结剂
马赛克背网
陶瓷马赛克
Q75地龙骨
地梁
φ8mm配筋
M8膨胀螺栓

轻钢龙骨基层陶瓷墙砖墙面节点图

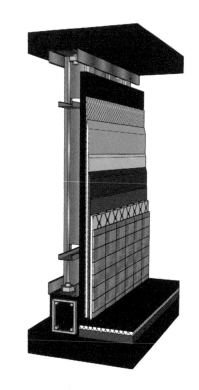

扫 / 码 / 观 / 看
"轻钢龙骨基层陶瓷墙砖
墙面"三维节点动图

轻钢龙骨基层陶瓷墙砖墙面三维示意图

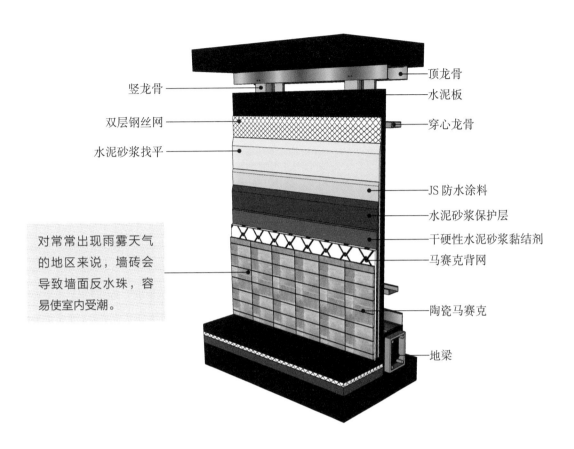

竖龙骨

双层钢丝网

水泥砂浆找平

顶龙骨

水泥板

穿心龙骨

JS 防水涂料

水泥砂浆保护层

干硬性水泥砂浆黏结剂

马赛克背网

对常常出现雨雾天气
的地区来说，墙砖会
导致墙面反水珠，容
易使室内受潮。

陶瓷马赛克

地梁

轻钢龙骨基层陶瓷墙砖墙面三维示意图解析

/ 瓷砖的分类 /

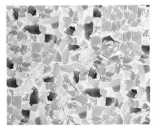

釉面砖

类型：瓷质釉面砖、陶质釉
面砖等

用途：墙壁、柱面、垭口及
地面等

通体砖

类型：纯色通体砖、混色通
体砖、颗粒布料通体砖等

用途：非铁类、有色金属

抛光砖、玻化砖

类型：渗花型砖、微分砖、
多管布料砖等

用途：墙壁、柱面、垭口及
地面等

马赛克

类型：陶瓷马赛克、玻璃马
赛克、大理石马赛克等

用途：墙壁、柱面、垭口及
地面等

工艺解析

第一步：选用材料

选用表面平整、尺寸正确、边棱整齐的马赛克，选用 Q75 的天地龙骨、Q38 的穿心龙骨以及 M8 的膨胀螺栓。

第二步：基层处理

上下固定 Q75 天地龙骨，安装竖向龙骨和穿心龙骨完成墙面基层的施工。固定水泥板后，上双层钢丝网，水泥砂浆抹灰找平处理，保证一定的平整度。做 JS 防水涂料或聚氨酯防水层一层，再做水泥砂浆防水保护层一道。

第三步：抹黏结层

在抹黏结层之前，应在湿润的找平层上刷素水泥浆一遍，然后抹 3mm 厚的 1：1：2 纸筋石灰膏水泥混合浆黏结层。待黏结层用手按压无坑印时，在其上弹线分格。同时对黏结层做刮毛处理，保证黏结层的附着力。

第四步：粘贴瓷砖

粘贴瓷砖时，一般自上而下进行。操作为将瓷砖铺在木板上（底面朝上），用湿棉纱将瓷砖的粘贴面擦拭干净，再用小刷蘸清水刷一道。随后在瓷砖粘贴面上刮一层 2mm 厚的水泥浆，边刮边用铁抹子向下挤压，并轻敲木板振捣，使水泥浆充盈拼缝内，排出气泡。然后在黏结层上刷水湿润，将瓷砖按线或靠尺粘贴在墙面上，并用木锤轻轻敲拍按压，使其更加牢固。

第五步：养护、勾缝

在马赛克铺贴完成后，养护 1~2 天，然后根据其颜色，选择相同颜色的矿物颜料和水泥，调成 1：1 的稀水泥浆，分几次灌入马赛克缝隙间，并用长杆刮板把流出的水泥浆刮向缝隙内，至基本灌满为止。勾缝完 1~2 小时后，将墙面清理洁净。

瓷砖墙面施工方便，安全且不易损坏，作为保护墙面的饰面可以有效地提高墙面的耐久性，可以广泛应用在室内空间中。

轻钢龙骨基层陶瓷墙砖墙面实景效果图

8.2
混凝土基层陶瓷墙砖干挂墙面

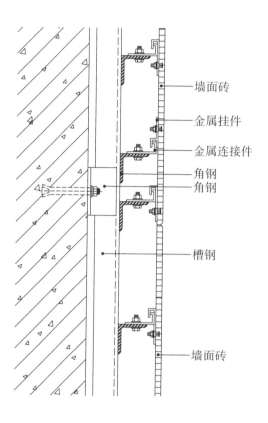

墙面砖

金属挂件

金属连接件

角钢
角钢

槽钢

墙面砖

混凝土基层陶瓷墙砖干挂墙面节点图

扫／码／观／看
"混凝土基层陶瓷墙砖干挂墙面"三维节点动图

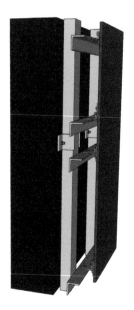

混凝土基层陶瓷墙砖干挂墙面三维示意图

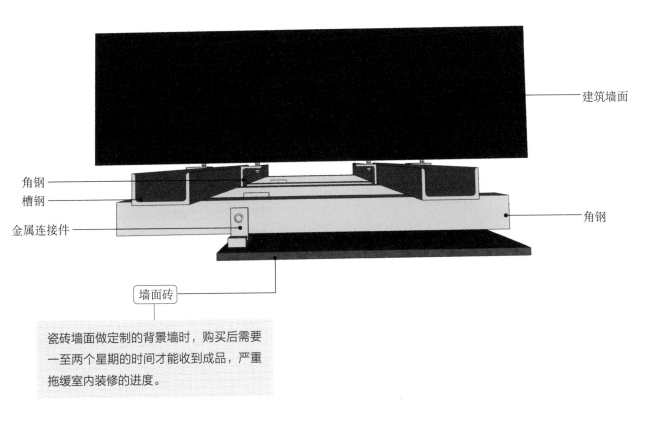

建筑墙面

角钢

槽钢

金属连接件

角钢

墙面砖

瓷砖墙面做定制的背景墙时，购买后需要一至两个星期的时间才能收到成品，严重拖缓室内装修的进度。

混凝土基层陶瓷墙砖干挂墙面三维示意图解析

/ 墙地面阴角石材铺贴工艺 /

① 铺贴前将板材进行试拼，对花、对色、编号，铺设出的地面花色应一致。

② 弹线时以房间中心为中心，弹出相互垂直的两条定位线，在定位线上按石材的尺寸进行分格，如整个房间可排偶数块瓷砖，则中心线就是石材的对接缝，如排奇数块，则中心线在石材的中心位置上。分格、定位时，距墙边留出 200mm~300mm 的距离作为调整区间。另外需要注意的是，若房间内外的铺地材料不同，其交接线设在门板下的中间位置，同时地面铺贴的收边位置不在门口处，也就是说不要在门口处出现不完整的石材块，地面铺贴的收边位置应安排在不显眼的墙边。

③ 石材镶贴前应预排，预排要注意同一地面应横竖排列，不得有一行以上的非整石材，非整石材应排在次要部位或阴角处。方法：对有间隔缝的铺贴，用间隔缝的宽度来调整；对无缝铺贴的石材，主要靠次要部位的宽度来调整。

④ 踏步板镶贴之前，必须先放楼梯坡度线和各踏步的竖线和水平线。踏步镶贴顺序由下往上，先立板后平板，宜使用体积比为 1 ： 2 的水泥砂浆，其厚度为 15mm~30mm。

工艺解析

第一步：基层处理

偏差实测采取经纬仪投测与垂直、水平挂线相结合的方法；测量结果及时记录并绘制实测成果，提交技术负责人。基层墙面必须清理干净，不得有浮土、浮灰，将其找平并涂好防潮层。

第二步：放线

瓷砖干挂施工前需按照设计标高在墙体上弹出 50cm 水平控制线和每层瓷砖标高线，并在墙上做控制桩，找出房间及墙面的规矩和方正。根据瓷砖分隔图弹线后，还要确定膨胀螺栓的安装位置。

第三步：安装龙骨及挂件

连接件采用角钢与结构槽钢三面围焊。焊接完成后按规定进行焊缝隐检，合格后刷防锈漆三遍。待连接件或次龙骨焊接完成后，用不锈钢螺丝对金属挂件进行连接。

第四步：瓷砖钻孔及切槽

采用销钉式挂件和挂钩式挂件时，可用冲击钻在瓷砖上钻孔。采用插片式挂件时可用角磨机在瓷砖上切槽。为保证所开孔、槽的准确度和减少瓷砖破损，应使用专门的机架，以固定板材和钻机等。

第五步：安装瓷砖

按照放线位置在墙面上打出略大于膨胀螺栓套管的长度的孔位，在安装膨胀螺栓的同时将直角连接板固定，然后安装锚固件连接板，在上层瓷砖底面的切槽和下层瓷砖上端的切槽内涂胶。瓷砖就位后，将插片插入上、下层瓷砖的槽内，调整位置后拧紧连接板螺丝。

第六步：注胶

为保证拼缝两侧瓷砖不被污染，应在拼缝两侧的瓷砖上贴胶带纸保护，打完胶后再撕掉。瓷砖安装完毕后，经检查无误，清扫拼接缝后即可嵌入橡胶条或泡沫条。然后打勾缝胶封闭，注胶要均匀，胶缝应平整饱满，亦可稍凹于板面。

第七步：擦缝及饰面清理

瓷砖安装完毕后，清除所有的石膏和余浆痕迹，用麻布擦洗干净。按瓷砖的出厂颜色调成色浆嵌缝，边嵌边擦干净，以便缝隙密实均匀、干净、颜色一致。

瓷砖墙面清洁方便，只需清水和干布就可将瓷砖的污渍清除，所以经常用在卫生间、厨房等污渍集中地。

混凝土基层陶瓷墙砖干挂墙面实景效果图

8.3
硅酸钙板基层陶瓷墙砖粘贴墙面

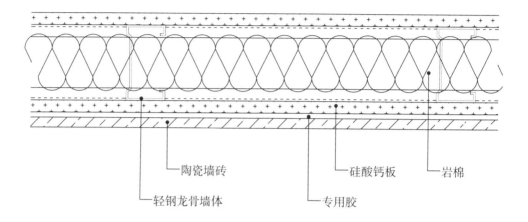

陶瓷墙砖　　　　　硅酸钙板　　岩棉

轻钢龙骨墙体　　　　专用胶

硅酸钙板基层陶瓷墙砖粘贴墙面节点图

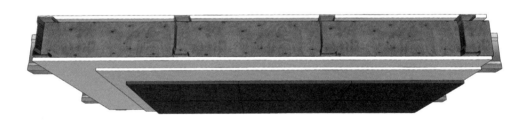

硅酸钙板基层陶瓷墙砖粘贴墙面三维示意图

扫／码／观／看
"硅酸钙板基层陶瓷墙砖
粘贴墙面"三维节点动图

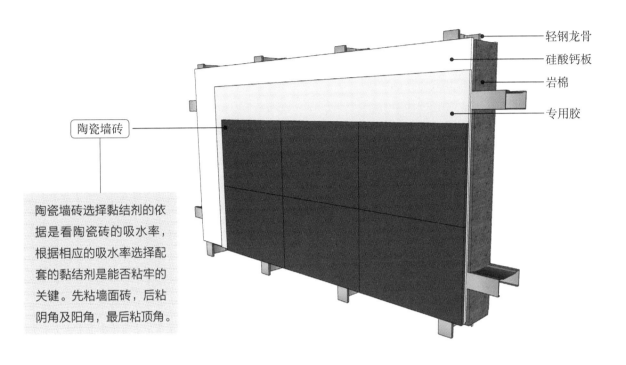

轻钢龙骨

硅酸钙板

岩棉

专用胶

陶瓷墙砖

陶瓷墙砖选择黏结剂的依据是看陶瓷砖的吸水率，根据相应的吸水率选择配套的黏结剂是能否粘牢的关键。先粘墙面砖，后粘阴角及阳角，最后粘顶角。

硅酸钙板基层陶瓷墙砖粘贴墙面三维示意图解析

/ 墙面瓷砖阳角的处理办法 /

在贴墙面瓷砖的时候会遇到一些 90° 的凸角，这个角被称为阳角。阳角一般有两种处理方法：一种是两块瓷砖背面倒 45° 后拼接成 90° 直角；另一种就是使用阳角线。

① 阳角线。它是一种用于瓷砖 90° 凸角包角处理的装饰线条。阳角线常见的材质有 PVC、铝合金、不锈钢三种，无论哪种都与瓷砖存在色差，光洁度也不一致，所以整体感官要差一点，且 PVC 材质时间长了还容易发黄。

② 阳角线可以很好地保护瓷砖边角，更加安全，可以减少碰撞产生的伤害。

③ 碰角。碰角是一种比较传统的阳角处理方式，就是将两块瓷砖都磨成 45° 角，然后瓷砖对角贴上，看似简单却十分考验工人的手艺，可以使墙面看起来协调统一，具有很强的装饰性。

④ 真正的碰角施工瓷砖角度也不是固定的 45°，而是 30° 左右，具体还要看墙角的弧度，只有这样，两片瓷砖的角之间才能留有空隙，可以填补砂浆或黏结剂。

⑤ 碰角存在一定的危险性，打磨成角后非常容易崩瓷且倒角较为尖利，非常容易发生磕碰。

⑥ 细节检查。项目品管会对施工细节进行专业检查，如墙地砖空鼓情况、阴阳角垂直直度、漆面等。

工艺解析

第一步：施工准备

对垂直度和平整度较差的原墙面，以及不正的阴、阳角，必须事先进行抹灰修正处理；对空鼓、裂缝的原墙面应予以铲除补灰；对石灰砂浆的原墙面，应全部铲除重新抹灰。用直角尺测量阴、阳角的方正误差，误差不应大于 3mm。

第二步：安装硅酸钙板

将硅酸钙板用自攻螺丝固定在岩棉填充的轻钢龙骨墙体上，作为基层。

第三步：清理基层

贴砖前必须清除墙面的浮砂及油污。如果墙面较光滑，则必须进行凿毛处理，并用素灰浆扫浆一遍。

第四步：预排

预排施工时要自上而下计算尺寸，排列中横、竖向都不允许出现两行以上的非整砖。非整砖应排在次要部位或阴角处，排砖时可用调整接缝宽度的方法安排非整砖的位置。如无设计规定，接缝宽度可在 1mm ~1.5mm 之间调整。

第五步：拉标准线

根据室内标准水平线找出地面标高，按贴砖的面积计算出纵横的皮数①，用水平尺找平，并弹出墙面砖的水平和垂直控制线。横向不足整砖的部分，留在最下一皮与地面连接处。

第六步：铺贴

用专用胶涂抹硅酸钙板表面及陶瓷墙砖，待胶干至不粘手后铺贴于墙面，调整水平度与垂直度，在板面施加应力直至胶干透。

第七步：完成面处理

墙砖铺贴完成后，需要用填缝剂勾缝。首先将墙面清理干净，再用扁铲清理砖缝，最后将填缝剂填入缝中，等其稍干后压实勾平即可。

注：①砖的皮数指的是砖的层数，一皮砖就是一层砖，标准砖的尺寸为240mm×115mm×53mm，建筑上一皮砖的厚度按60mm计（53mm标准砖厚度+8mm~12mm灰缝厚度），两皮砖的厚度为120mm，以此类推。

9

软包、硬包墙面节点

　　软包、硬包施工的重点在于基层处理以及软包、硬包面层的安装。在基层的施工中，软包、硬包面积的长宽比须先计算好，并分配出若干个软包、硬包块，避免出现大小不一致的问题。软包墙面所用填充材料、纺织面料、木龙骨、木基层板等均应进行防火处理。

　　软包与硬包的主要区别在于是否有软性填充料，软包墙面在面料和底板间有海绵等材料进行填充，硬包墙面的面料则是直接贴在底板上的，故软包墙面可以一定程度上地掩盖底板不平的现象，而硬包墙面则无此功效。

9.1
混凝土基层软包墙面

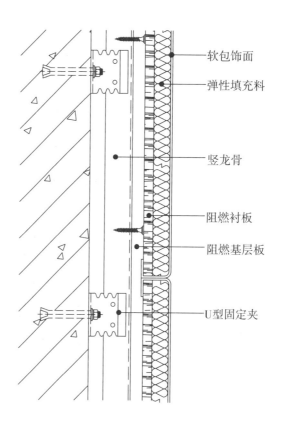

软包饰面

弹性填充料

竖龙骨

阻燃衬板

阻燃基层板

U型固定夹

混凝土基层软包墙面节点图

扫 / 码 / 观 / 看
"混凝土基层软包墙面"
三维节点动图

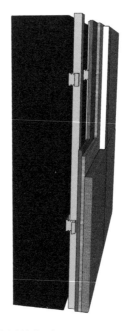

混凝土基层软包墙面三维示意图

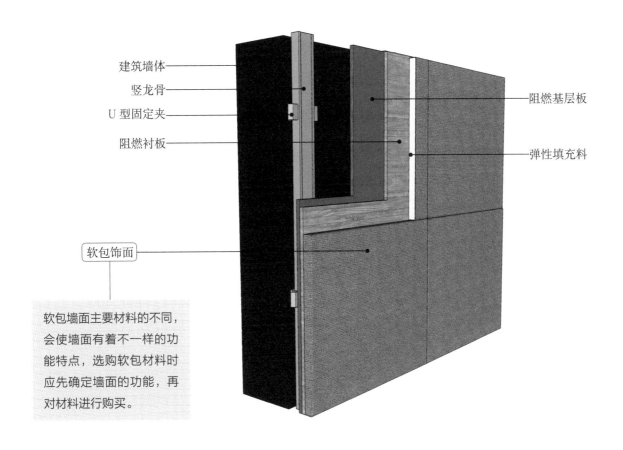

建筑墙体

竖龙骨

U 型固定夹

阻燃衬板

阻燃基层板

弹性填充料

软包饰面

软包墙面主要材料的不同，会使墙面有着不一样的功能特点，选购软包材料时应先确定墙面的功能，再对材料进行购买。

混凝土基层软包墙面三维示意图解析

/ 软硬包墙面皮革的分类 /

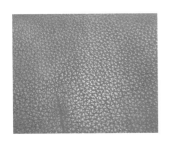

真皮

类型：头层皮、二层皮等

用途：墙壁及家具的硬包、软包造型

再生皮

类型：压花皮、印花皮等

用途：墙壁及家具的硬包、软包造型

人造革

类型：PVC 人造革及 PU 人造革等

用途：墙壁及家具的硬包、软包造型

合成革

类型：单层结构、两层结构和三层结构等

用途：墙壁及家具的硬包、软包造型

工艺解析

第一步：基层处理

墙面基层涂刷清油或防腐涂料，沥青油毡不得用作防潮层，墙面应待干燥后再进行施工作业。

第二步：定位弹线

通过吊直、套方、找规矩、弹线等工序，根据图纸在墙面弹出分格线并校对位置的准确性，同时弹出竖向和水平的控制线。

第三步：安装龙骨

将 U 型固定夹通过膨胀螺栓固定在建筑墙体上，龙骨安装位置顶棚与地面分别将槽钢用膨胀螺栓固定，竖龙骨与固定夹卡接后，再与上下槽钢焊接。

第四步：材料加工

按设计要求将软包布料及填充料进行剪裁，布料和填充料在干净整洁的桌面上进行裁剪，布料下料时每边应长出50mm以便于包裹绷边。剪裁时应横平竖直，保证尺寸正确。

第五步：安装底板

将阻燃基层板用螺钉固定在竖龙骨上，按分格线用气钉将阻燃衬板固定在阻燃基层板上，衬板应平整，且钉帽不得凸出板面。踢脚板在衬板底部与地面完成面相贴。

第六步：粘贴面料

将阻燃衬板表面均匀涂刷一层乳胶漆，将填充层平整地从板的一端粘贴到另一端，乳胶漆稍干后，将面料按顺序从下至上用钢钉固定在衬板上，拼接时应注意布料花纹相邻之间的对称。

第七步：安装贴面或装饰边线

将加工好的贴面或装饰边线刷好油漆，经试拼达到设计要求后，与基层固定并安装贴面或装饰边线，刷镶边油漆成活。

第八步：修整软包墙面

清理软包表面灰尘，处理面料的钉眼及胶痕。

软包墙面具有吸音降噪、恒温保暖的优势，用在卧室墙面时，可以营造出温暖、安静的休息环境。此外，软包墙面还可以应用在室内客厅或者是办公场所的会客室中。

混凝土基层软包墙面实景效果图

9.2
混凝土基层硬包墙面

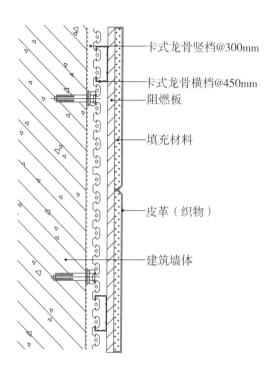

卡式龙骨竖档@300mm
卡式龙骨横档@450mm
阻燃板
填充材料
皮革（织物）
建筑墙体

混凝土基层硬包墙面节点图

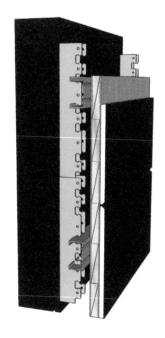

扫 / 码 / 观 / 看
"混凝土基层硬包墙面"
三维节点动图

混凝土基层硬包墙面三维示意图

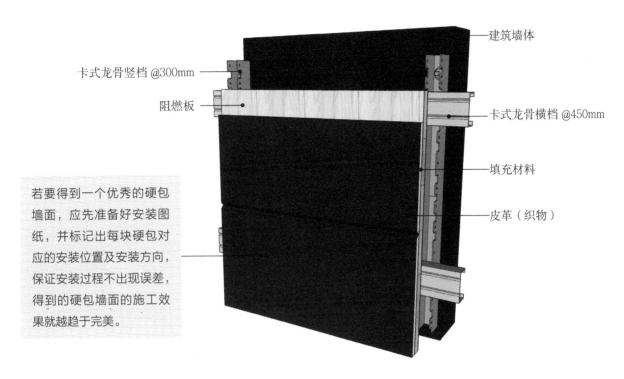

卡式龙骨竖档 @300mm

阻燃板

若要得到一个优秀的硬包墙面，应先准备好安装图纸，并标记出每块硬包对应的安装位置及安装方向，保证安装过程不出现误差，得到的硬包墙面的施工效果就越趋于完美。

建筑墙体

卡式龙骨横档 @450mm

填充材料

皮革（织物）

混凝土基层硬包墙面三维示意图解析

工艺解析

用膨胀螺栓将卡式龙骨固定在混凝土墙上，中距 450mm，安装轻钢龙骨与卡式龙骨卡槽连接固定，中距 300mm。

阻燃板用钢钉与 U 型轻钢龙骨固定，进行找平处理。

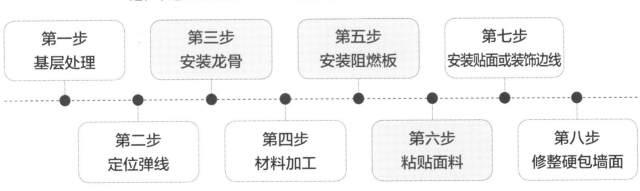

第一步
基层处理

第二步
定位弹线

第三步
安装龙骨

第四步
材料加工

第五步
安装阻燃板

第六步
粘贴面料

第七步
安装贴面或装饰边线

第八步
修整硬包墙面

将制作好的硬包模块用免钉胶固定在阻燃板基层上。

硬包墙面相较软包墙面舒适度较低，但价格便宜且不易脏污，作为客厅的背景墙是一个很好的选择。此外，硬包墙面在高档酒店、会所、KTV 等商业建筑内也较为常见。

混凝土基层硬包墙面实景效果图

9.3
混凝土基层硬包墙面（有嵌条）

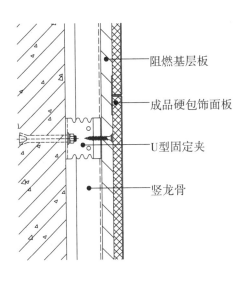

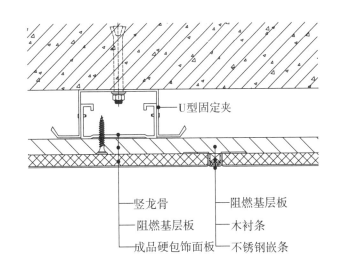

沿竖龙骨方向剖面图　　　　　　　　　　沿 U 型夹方向剖面图

混凝土基层硬包墙面（有嵌条）节点图

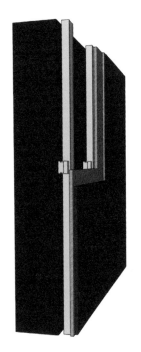

扫 / 码 / 观 / 看
"混凝土基层硬包墙面
（有嵌条）"三维节点动图

混凝土基层硬包墙面（有嵌条）三维示意图

193

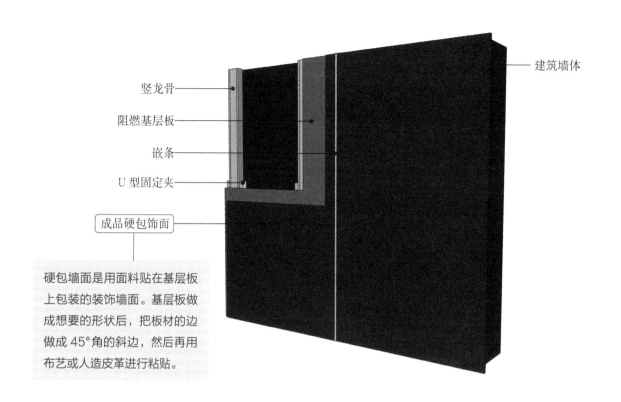

竖龙骨

阻燃基层板

嵌条

U 型固定夹

成品硬包饰面

建筑墙体

硬包墙面是用面料贴在基层板上包装的装饰墙面。基层板做成想要的形状后，把板材的边做成 45°角的斜边，然后再用布艺或人造皮革进行粘贴。

混凝土基层硬包墙面（有嵌条）三维示意图解析

工艺解析

用螺钉将阻燃基层板固定在竖龙骨上，成品硬包饰面板用气钉与阻燃基层板固定，踢脚板在饰面板底部与地面完成面相接。

相邻两块成品硬包饰面板间的缝隙用木衬条进行填充，并用不锈钢嵌条修饰硬包墙面的边线。

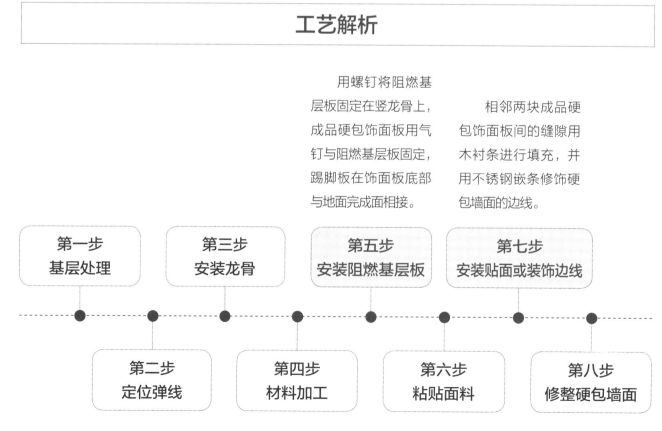

| 第一步 基层处理 | 第三步 安装龙骨 | 第五步 安装阻燃基层板 | 第七步 安装贴面或装饰边线 |

| 第二步 定位弹线 | 第四步 材料加工 | 第六步 粘贴面料 | 第八步 修整硬包墙面 |

硬包墙面空间立体度较软包稍弱，但通过嵌条可以进行改善。硬包墙面也有隔绝噪音的作用，也可以作为卧室的背景墙使用。

混凝土基层硬包墙面（有嵌条）实景效果图

9.4
轻钢龙骨基层软包墙面

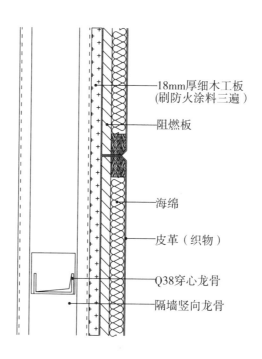

- 18mm厚细木工板
(刷防火涂料三遍)
- 阻燃板
- 海绵
- 皮革（织物）
- Q38穿心龙骨
- 隔墙竖向龙骨

轻钢龙骨基层软包墙面节点图

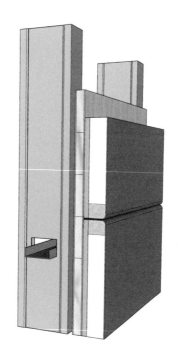

扫 / 码 / 观 / 看
"轻钢龙骨基层软包墙面"
三维节点动图

轻钢龙骨基层软包墙面三维示意图

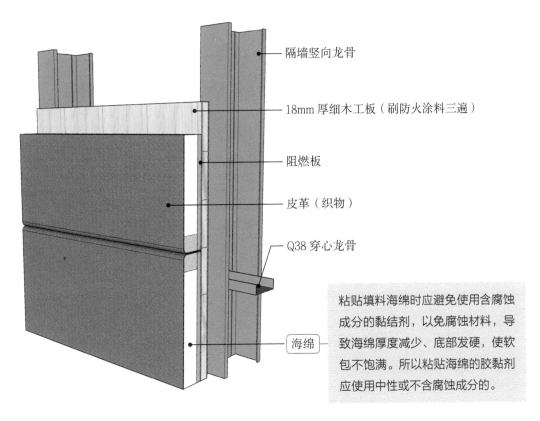

隔墙竖向龙骨

18mm 厚细木工板（刷防火涂料三遍）

阻燃板

皮革（织物）

Q38 穿心龙骨

海绵

粘贴填料海绵时应避免使用含腐蚀成分的黏结剂，以免腐蚀材料，导致海绵厚度减少、底部发硬，使软包不饱满。所以粘贴海绵的胶黏剂应使用中性或不含腐蚀成分的。

轻钢龙骨基层软包墙面三维示意图解析

/ 软包材料的选购技巧 /

① 耐脏性
通常情况下，软包面料不能清洗，所以在选择面料时，应选择耐脏且防尘性良好的专业软包材料。

② 防火性
软包的面料一般都是皮革、布料等易燃物，其中的填充料也是海绵类可燃物，所以选购软包材料时，应确定选择符合防火要求的材料。

③ 图案
软包面料可以选择具有一定花纹图案和纹理质感的材料，不同图案产生的效果不同，不同的角度图案也会发生不一样的变化，从而丰富室内风格。

④ 风格
为营造良好的氛围，软包面料应根据室内的风格进行选择，如与窗帘、沙发、床等家具用品进行配套。

⑤ 颜色
选择软包颜色时，应考虑不同的色彩对人产生不同影响的特性，如黄色、红色可以让人感到愉悦，可以使用在餐厅；青色、蓝色及绿色可以让人精神舒缓，可以用在卧室等。

工艺解析

第一步：基层处理

墙体抹灰层干燥后，进行空鼓与平整度检测，并根据地区气候环境等要求，判断是否需要对墙体进行防潮、防腐、防火"三防"处理。

第二步：定位弹线

根据施工图纸在墙面弹出水平及竖向的安装线，并通过水准仪弹出墙面各个方向的控制线。

第三步：安装龙骨

隔墙竖向龙骨沿所弹位置线安装，Q38穿心龙骨穿过竖向龙骨开孔处进行固定。

第四步：材料加工

按图纸要求将软包布料及填充料进行排版分割，尽量做到横向通缝、板块均等。在菱形拼花时需考虑布料幅宽降低损耗，尖角角度不宜太小。

第五步：安装细木工板和阻燃板

将18mm厚细木工板（刷防火涂料三遍）用钢钉与U型轻钢龙骨固定进行找平，再将阻燃板与细木工板固定。

第六步：粘贴面料

将软包皮革与海绵平整粘贴，将制作好的软包模块用枪钉固定在阻燃板基层上。

第七步：安装贴面或装饰边线

将加工好的贴面或装饰边线刷好油漆，经试拼达到设计要求后，安装贴面或装饰边线，刷镶边油漆成活。

第八步：修整软包墙面

清理软包表面灰尘，处理面料的钉眼及胶痕。

软包墙面需与家具设施有较高的匹配程度，才能体现其完整性，否则会拖垮室内整体的装修效果。但若使用得当，软包墙面就可以高效地提升空间的立体感，提高生活质量。

轻钢龙骨基层软包墙面实景效果图

9.5
轻钢龙骨基层硬包墙面

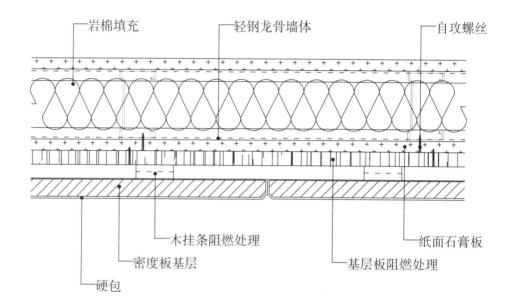

岩棉填充　　　　　　轻钢龙骨墙体　　　　　　自攻螺丝

木挂条阻燃处理　　　　纸面石膏板

密度板基层　　　　基层板阻燃处理

硬包

轻钢龙骨基层硬包墙面节点图

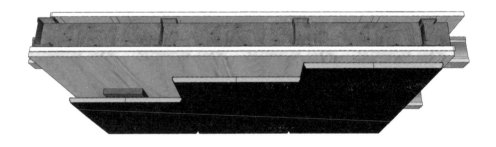

轻钢龙骨基层硬包墙面三维示意图

扫 / 码 / 观 / 看
"轻钢龙骨基层硬包墙面"
三维节点动图

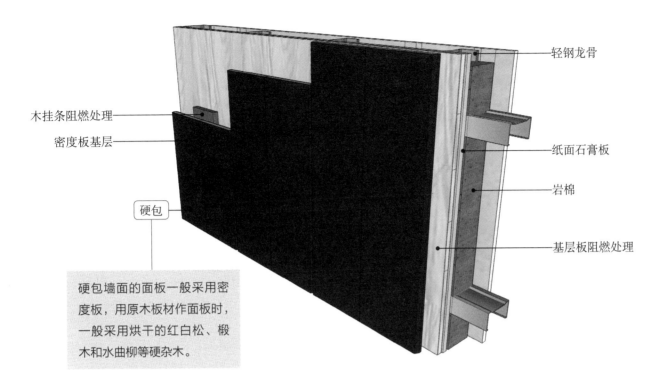

木挂条阻燃处理
密度板基层

轻钢龙骨
纸面石膏板
岩棉
基层板阻燃处理

硬包

硬包墙面的面板一般采用密度板，用原木板材作面板时，一般采用烘干的红白松、椴木和水曲柳等硬杂木。

轻钢龙骨基层硬包墙面三维示意图解析

工艺解析

轻钢龙骨内横竖龙骨固定后，将轻钢龙骨墙体内填充岩棉。

将纸面石膏板用自攻螺丝与竖向龙骨固定，基层板阻燃处理后与石膏板固定，经阻燃处理的木挂条固定在基层板上。

| 第一步 基层处理 | 第三步 安装龙骨 | 第五步 安装基层板 | 第七步 安装贴面或装饰边线 |

| 第二步 定位弹线 | 第四步 材料加工 | 第六步 粘贴面料 | 第八步 修整硬包墙面 |

将密度板背面用木钉固定木挂条，与基层板木挂条嵌合连接，把面料在密度板表面摆正后按要求粘贴。

硬包墙面具有防霉防水、阻燃防火且耐磨的优势，与
轻钢龙骨墙体结合后，能够有效地减轻墙面自重。

轻钢龙骨基层硬包墙面实景效果图

10

木饰面板与其他材料
相接处节点

木饰面板作为最常用的墙面人造装饰板之一，常常用于室内装修中。木饰面板分为天然木饰面板和人造木饰面板。天然木饰面板是由柚木、黑檀、胡桃木、白橡等天然实木经复杂的设备流程及高温高压制成的，人造木饰面板则由人造材料压贴制成。

本章就木饰面板与不锈钢、墙纸、软硬包、玻璃这四类室内装饰材料的相接节点的工艺进行解说，除施工工艺外，章节中还针对施工中的一些注意事项、各相接节点的优缺点和特性以及适用场景进行了说明。

10.1
木饰面与不锈钢相接

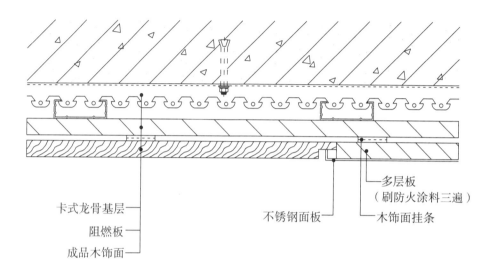

卡式龙骨基层
阻燃板
成品木饰面

不锈钢面板

多层板
（刷防火涂料三遍）
木饰面挂条

木饰面与不锈钢相接节点图

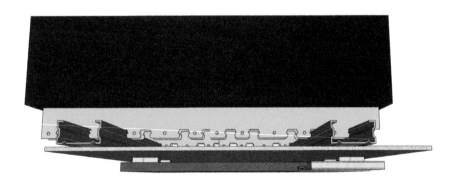

木饰面与不锈钢相接三维示意图

扫 / 码 / 观 / 看
"木饰面与不锈钢相接"
三维节点动图

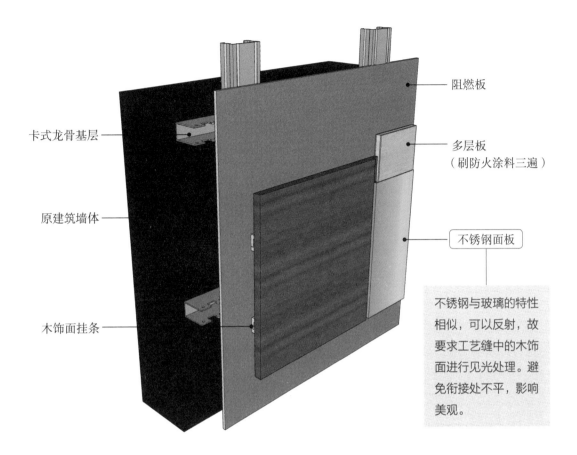

卡式龙骨基层

原建筑墙体

木饰面挂条

阻燃板

多层板
（刷防火涂料三遍）

不锈钢面板

不锈钢与玻璃的特性相似，可以反射，故要求工艺缝中的木饰面进行见光处理。避免衔接处不平，影响美观。

木饰面与不锈钢相接三维示意图解析

/ 天然木饰面与人造木饰面的特性 /

天然木饰面

材料：主要采用天然实木为原料刨切成薄片，经加工上漆制成

性能：木质纹路天然原始，相比实木而言具有一定性价比，但耐磨耐刮性较差，使用寿命长短和保养关系较大

纹理：天然木质花纹，纹理图案自然，变异性较大、无规则

人造木饰面

材料：表面主要采用装饰色纸浸三聚氰胺树脂压贴，底层直接选用常见的木工板、密度板等与装饰色纸压贴得到成板

性能：耐磨、耐刮、木纹颜色可控、色差小、价格便宜

纹理：人造木饰面的纹理基本为通直纹理，纹理图案有规则

工艺解析

第一步：现场放线

按设计图纸弹出卡式龙骨安装的位置线以及水平、竖直的控制线。

第二步：材料准备

选用 1.2mm 厚不锈钢面板并按图纸进行加工，备好不锈钢专用的黏结剂，定制成品木饰面。多层板及细木工板刷防火涂料三遍，并在板的背面相应位置用射钉固定木饰面挂条。

第三步：基层处理

检查墙面是否有空鼓、裂缝现象。如出现空鼓现象，则需彻底铲除并用配套腻子修补平整。发现裂缝用专用填补腻子填补修复，较大空心裂缝先用砂浆修补再用腻子进行磨平。处理墙面浮砂、灰砂。

第四步：安装卡式龙骨

将卡式横档龙骨以 300mm 的间距固定在建筑墙体上，卡式竖档龙骨间隔 450mm 与横档龙骨的双向卡口部卡接。

第五步：多层板固定

刷防火涂料三遍的多层板用自攻螺钉固定在卡式竖档龙骨上，按所弹位置线用射钉将木饰面挂条固定在多层板上，安装不锈钢面板的位置处先将阻燃板挂装在木饰面挂条上作为基层。木饰面基层做好防水、防火、防腐的三防处理。

第六步：木饰面、不锈钢安装

成品木饰面板将背后的木饰面挂条进行对接安装，不锈钢面板用专用黏结剂粘贴固定在不锈钢面板上，不锈钢的折边与成品木饰面预留的 5mm×5mm 的工艺缝嵌合。

第七步：完成面处理

对安装完成的不锈钢进行检查，确保不锈钢折边的平直。修补、清洁木饰面面层，并选用专用保护膜做好成品保护。

浅色的木饰面与刷有金漆的不锈钢相接，
使室内充满高贵、典雅的气息。

木饰面与不锈钢相接实景效果图

10.2
木饰面与墙纸相接

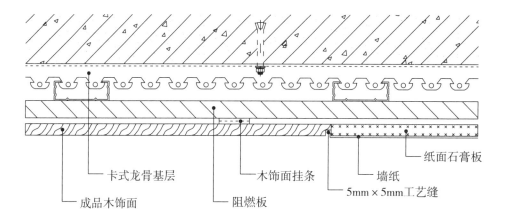

卡式龙骨基层

成品木饰面

木饰面挂条

阻燃板

墙纸

5mm×5mm工艺缝

纸面石膏板

木饰面与墙纸相接节点图

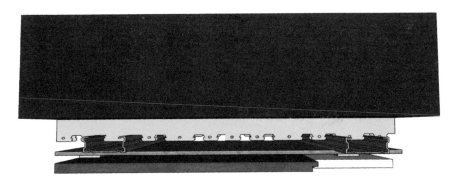

木饰面与墙纸相接三维示意图

扫 / 码 / 观 / 看
"木饰面与墙纸相接"三
维节点动图

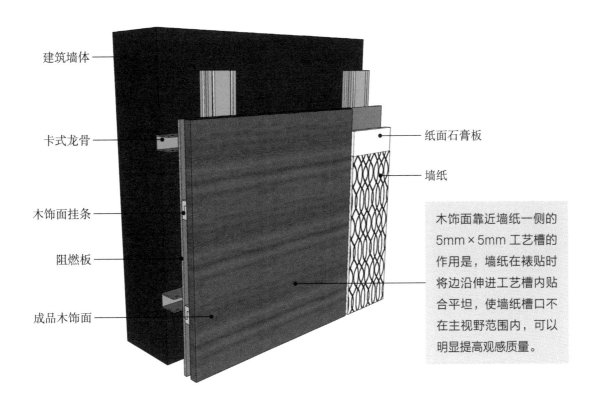

建筑墙体

卡式龙骨

木饰面挂条

阻燃板

成品木饰面

纸面石膏板

墙纸

木饰面靠近墙纸一侧的 5mm×5mm 工艺槽的作用是，墙纸在裱贴时将边沿伸进工艺槽内贴合平坦，使墙纸槽口不在主视野范围内，可以明显提高观感质量。

木饰面与墙纸相接三维示意图解析

工艺解析

阻燃板及双层纸面石膏板分段与卡式龙骨基层固定，纸面石膏板钉眼需做防锈处理。

保证墙纸与木饰面拼接缝中抽槽的平直与见光，用专用保护膜做成品保护。

第一步 现场放线	第三步 基层处理	第五步 阻燃板固定	第七步 完成面处理

第二步 材料准备

第四步 安装卡式龙骨

第六步 木饰面、墙纸安装

选用 12mm 厚木饰面板，定制成品木饰面、基础材料干挂件、卡式龙骨，木饰面侧边见光加工。

用墙纸胶将墙纸平整地粘贴在纸面石膏板上，成品木饰面用木饰面挂条进行挂装。

原色的木饰面搭配深色带花纹的壁纸，作为整体室内的墙面装饰，可以使家居氛围更加厚重、自然。此外，墙纸与木饰面都是易燃材料，使用时需注意做好防燃处理。

木饰面与墙纸相接实景效果图

10.3
木饰面与软硬包相接

▶▶ 木饰面与软包相接

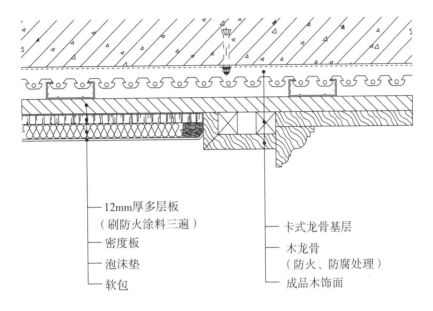

— 12mm厚多层板
（刷防火涂料三遍）
— 密度板
— 泡沫垫
— 软包

— 卡式龙骨基层
— 木龙骨
（防火、防腐处理）
— 成品木饰面

木饰面与软包相接节点图

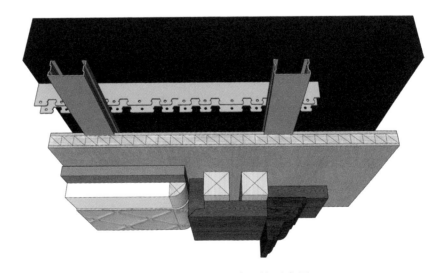

扫 / 码 / 观 / 看
"木饰面与软包相接"三
维节点动图

木饰面与软包相接三维示意图

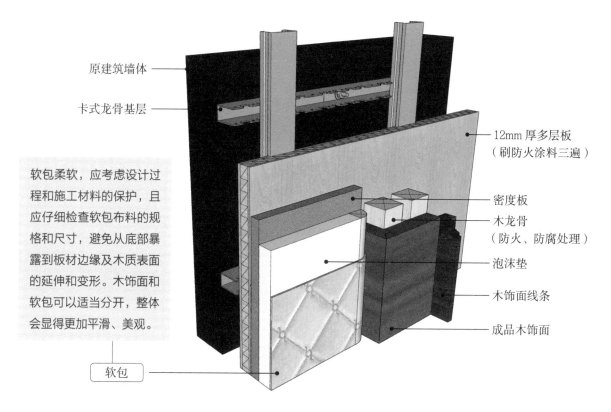

原建筑墙体

卡式龙骨基层

12mm 厚多层板
（刷防火涂料三遍）

密度板

木龙骨
（防火、防腐处理）

泡沫垫

木饰面线条

成品木饰面

软包柔软，应考虑设计过程和施工材料的保护，且应仔细检查软包布料的规格和尺寸，避免从底部暴露到板材边缘及木质表面的延伸和变形。木饰面和软包可以适当分开，整体会显得更加平滑、美观。

软包

木饰面与软包相接三维示意图解析

工艺解析

多层板固定在卡式龙骨上，密度板与多层板固定，防火、防腐处理的木龙骨沿所弹位置线安装。

软包安装两端固定木条，木条间用泡沫垫填充，软包布料用胶粘贴在泡沫垫上，软包的基层做好三防处理。

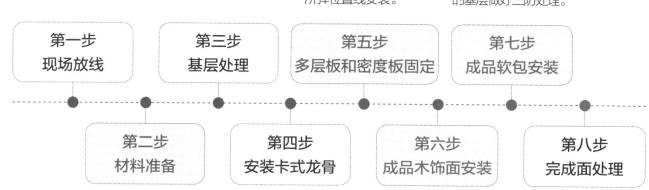

第一步
现场放线

第三步
基层处理

第五步
多层板和密度板固定

第七步
成品软包安装

第二步
材料准备

第四步
安装卡式龙骨

第六步
成品木饰面安装

第八步
完成面处理

12mm 厚多层板刷防火涂料三遍，备好成品木饰面、软硬包布料、卡式龙骨、木龙骨等。

成品木饰面安装在多层板上，L型木饰面与木龙骨嵌合安装，木饰面线条填充木饰面与木龙骨的相接处。

▶▶ 木饰面与硬包相接

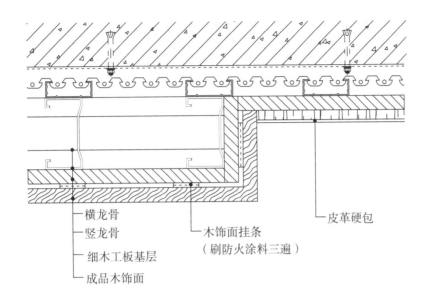

横龙骨
竖龙骨
细木工板基层
成品木饰面

木饰面挂条
（刷防火涂料三遍）

皮革硬包

木饰面与硬包相接节点图

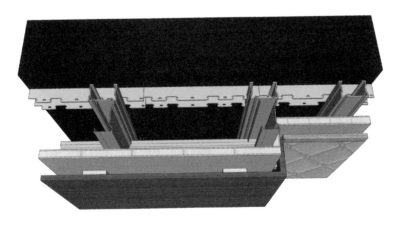

木饰面与硬包相接三维示意图

扫 / 码 / 观 / 看
"木饰面与硬包相接"三
维节点动图

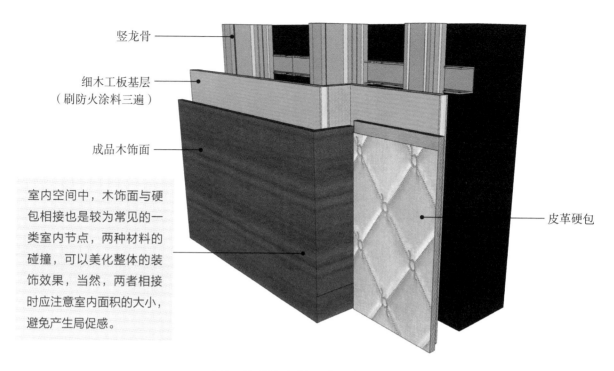

竖龙骨

细木工板基层
（刷防火涂料三遍）

成品木饰面

室内空间中，木饰面与硬包相接也是较为常见的一类室内节点，两种材料的碰撞，可以美化整体的装饰效果，当然，两者相接时应注意室内面积的大小，避免产生局促感。

皮革硬包

木饰面与硬包相接三维示意图解析

工艺解析

细木工板安装在竖龙骨上，安装成品木饰面处的细木工板上方固定木饰面挂条。

先在安装硬包处固定多层板作为硬包的基层，再将皮革硬包用专用胶与多层板贴合，硬包皮革与成品木饰面相接处的做法应仔细。

| 第一步 现场放线 | 第三步 基层处理 | 第五步 细木工板固定 | 第七步 成品硬包安装 |

| 第二步 材料准备 | 第四步 安装龙骨 | 第六步 成品木饰面安装 | 第八步 完成面处理 |

安装好横竖档卡式龙骨后，在木饰面所需转角处固定竖龙骨，确保木饰面安装位置的正确。

成品木饰面背面相应位置固定木饰面挂条后，将其挂装在细木工板基层上。

木饰面与暖色的软硬包相接，可以使空间显得
轻快活泼而又不失空间层次，作为客厅或卧室
的背景墙是一个很好的选择。

木饰面与软硬包相接实景效果图

10.4
木饰面与镜面玻璃相接

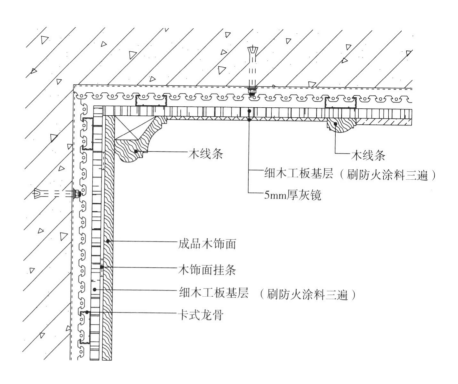

木线条

木线条

细木工板基层（刷防火涂料三遍）

5mm厚灰镜

成品木饰面

木饰面挂条

细木工板基层（刷防火涂料三遍）

卡式龙骨

木饰面与镜面玻璃相接节点图

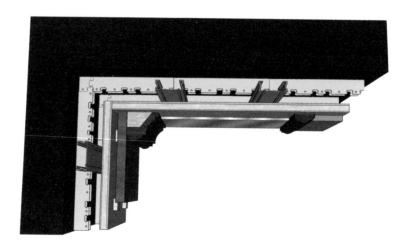

木饰面与镜面玻璃相接三维示意图

扫／码／观／看
"木饰面与镜面玻璃相接"
三维节点动图

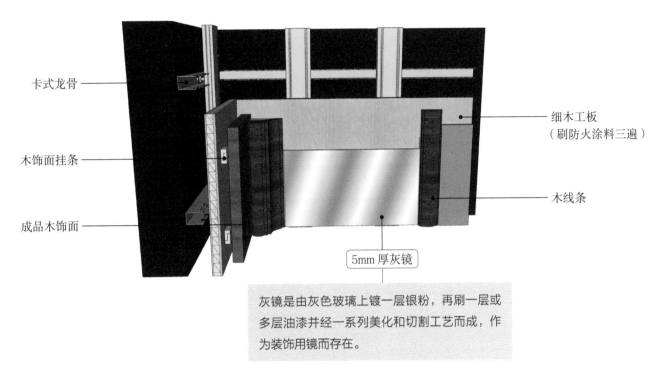

卡式龙骨

木饰面挂条

成品木饰面

细木工板
（刷防火涂料三遍）

木线条

5mm 厚灰镜

灰镜是由灰色玻璃上镀一层银粉，再刷一层或
多层油漆并经一系列美化和切割工艺而成，作
为装饰用镜而存在。

木饰面与镜面玻璃相接三维示意图解析

工艺解析

玻璃两侧固定木线条，较大木线条内部用木条进
行填充。成品玻璃用玻璃专用胶固定在细木工板上，
木线条与玻璃间的间隙用颜色相近的玻璃胶收口。

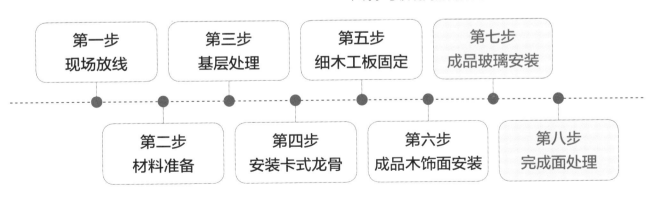

第一步 现场放线	第三步 基层处理	第五步 细木工板固定	第七步 成品玻璃安装
第二步 材料准备	第四步 安装卡式龙骨	第六步 成品木饰面安装	第八步 完成面处理

对玻璃及成品木饰面面层
进行修补、清洁，并用专用保护
膜做好成品保护。

灰镜与深色木饰面搭配，可以为室内
环境营造出简约、内敛和低调的家居
氛围，可以用在卧室中。

木饰面与镜面玻璃相接实景效果图

11

石材与其他材料
相接处节点

　　墙面的石材，作为洗手间、厨房、室外阳台等地方的立面装饰，可以有效地保护墙面，是避免水溅造成墙面污染的有效方式。同时，墙面石材作为一种不是独立存在的装饰元素，它与其他墙面饰材相接处的节点也是需要注意的一个重点。

　　墙面的饰材有许多种类，如乳胶漆、软硬包、壁纸、墙布、木饰面、金属板，等等，前面章节已经说明过的节点不在本章提及。本章摘取最为常用的五类石材相接节点的施工工艺进行说明。

11.1
石材与不锈钢相接

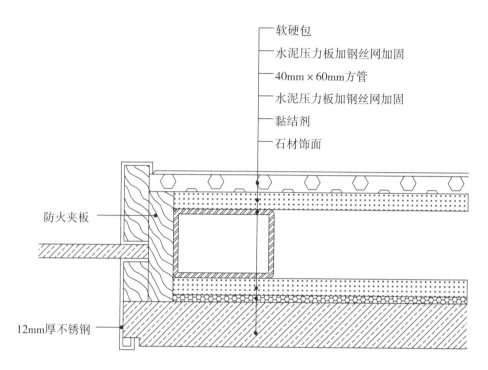

软硬包
水泥压力板加钢丝网加固
40mm × 60mm方管
水泥压力板加钢丝网加固
黏结剂
石材饰面

防火夹板

12mm厚不锈钢

石材与不锈钢相接节点图

石材与不锈钢相接三维示意图

扫 / 码 / 观 / 看
"石材与不锈钢相接"三
维节点动图

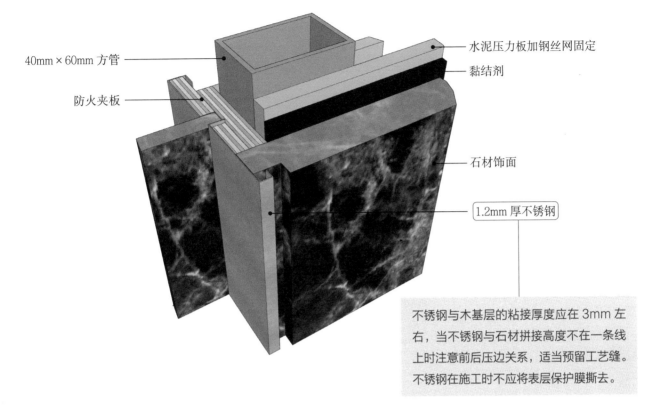

40mm×60mm 方管

防火夹板

水泥压力板加钢丝网固定

黏结剂

石材饰面

1.2mm 厚不锈钢

不锈钢与木基层的粘接厚度应在 3mm 左右，当不锈钢与石材拼接高度不在一条线上时注意前后压边关系，适当预留工艺缝。不锈钢在施工时不应将表层保护膜撕去。

石材与不锈钢相接三维示意图解析

/ 不锈钢板的分类 /

① **按厚度分**：薄板（0.2mm~4mm）、中板（4mm~20mm）、厚板（20mm~60mm）、特厚板（60mm~115mm）。

② **按生产方式分**：热轧钢板（加热成型的钢板）、冷轧钢板（冷轧工序生产的钢板）。

③ **按用途分**：桥梁钢板、造船钢板、汽车钢板、电工钢板（硅钢片）、弹簧钢板、锅炉钢板、装甲钢板、屋面钢板、太阳能专用板、结构钢板。

④ **按钢种组织分**：奥氏体型（200 系列、300 系列）、奥氏体 - 铁素体型（兼有奥氏体和铁素体的特点）、铁素体型（409、430、434 系列）、马氏体型（403、410、414、416 等）。

⑤ **按表面特征分**：银白无光泽（无表面光泽需求）、光亮如镜（建筑材料及厨房用具）、粗研磨 / 中间研磨 / 细研磨 / 极细研磨（建筑材料及厨房用具）、发纹研磨（楼房及建筑用材）、接近于镜面研磨（美术及装饰）、镜面研磨（反光镜及装饰）。

工艺解析

第一步：现场放线

放出方管安装的位置线，并在水泥压力板上放出水平和竖直的控制线。

第二步：准备材料

选用定制石材进行加工，备好40mm×60mm的方管、1.2mm厚不锈钢、专用黏结剂、水泥压力板及软硬包皮革等。

第三步：隔墙结构框架固定

用方管制作隔墙。首先将方管按位置线与顶棚和地面连接固定，再让水泥压力板加钢丝网与方管进行固定。

第四步：基层处理

先对要处理的基层进行加固，检查水泥压力板的平整度，如出现部分或合理范围内的凹凸不平，可用铲子铲除凸起部分，再用配套腻子修补凹陷部分。

第五步：板材安装

封水泥压力板，将防火夹板安装在固定了水泥压力板的方管的侧面，并根据设计图纸在防火夹板正面开槽，预留出一定深度的石材安装槽。

第六步：铺贴石材

将有5mm工艺缝的石材用专用胶固定在水泥压力板上，另一个平直无工艺缝的石材按设计要求嵌入防火夹板预留的开槽内，两石材均需做好六面防护。

第七步：安装不锈钢

将不锈钢用专用的黏结剂分段粘贴在防火夹板上，与石材工艺缝相接的不锈钢折边内的空隙，可用木条进行填充。

第八步：完成面处理

用专用的填缝剂在石材与不锈钢的交接处进行擦缝、清洁，并用专用保护膜做好成品保护。

石材通过小面积地与高温发黑的不锈钢相接，营造典雅氛围的同时，有效地提升了空间的格调。

石材与不锈钢相接实景效果图

石材与墙纸相接

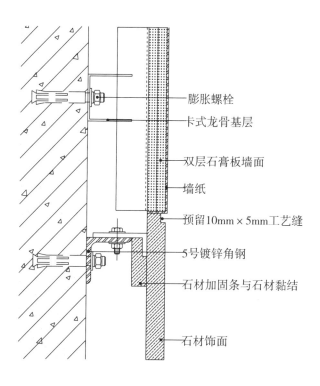

膨胀螺栓

卡式龙骨基层

双层石膏板墙面

墙纸

预留10mm×5mm工艺缝

5号镀锌角钢

石材加固条与石材黏结

石材饰面

石材与墙纸相接节点图

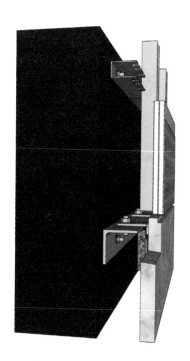

石材与墙纸相接三维示意图

扫 / 码 / 观 / 看
"石材与墙纸相接"三维
节点动图

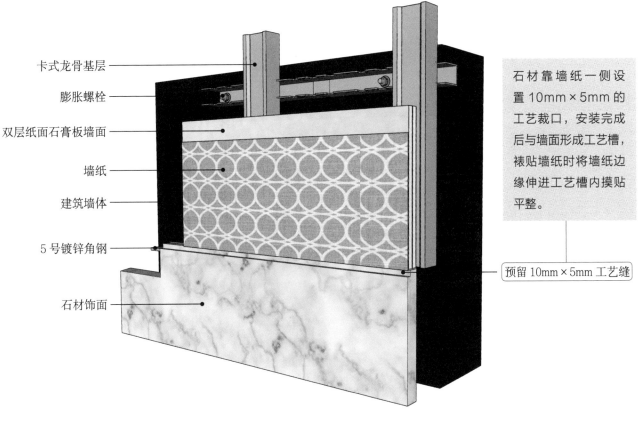

卡式龙骨基层

膨胀螺栓

双层纸面石膏板墙面

墙纸

建筑墙体

5 号镀锌角钢

石材饰面

石材靠墙纸一侧设置 10mm×5mm 的工艺裁口，安装完成后与墙面形成工艺槽，裱贴墙纸时将墙纸边缘伸进工艺槽内摸贴平整。

预留 10mm×5mm 工艺缝

石材与墙纸相接三维示意图解析

工艺解析

按所弹位置墨线用膨胀螺栓将 5 号镀锌角钢固定在墙面，石材干挂件用螺丝与角钢固定。

根据位置线用螺钉安装好卡式龙骨基层及副龙骨后，将双层纸面石膏板与副龙骨固定。

将墙纸用墙纸胶平整地粘贴在双层纸面石膏板上，墙纸与石材 10mm×5mm 的工艺缝相接。

第一步
现场放线

第三步
石材干挂结构框架固定

第五步
墙纸基层制作

第七步
贴墙纸

第二步
准备材料

第四步
基层处理

第六步
干挂石材

第八步
完成面处理

定制石材、墙纸，备好镀锌角钢、镀锌石材干挂配件、50 号角码、石材专用 AB 胶等。

通过干挂件用石材专用的 AB 胶将石材加固条与石材胶黏，石材做好六面防护。

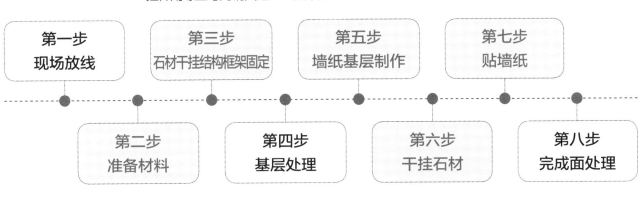

具有美感的墙纸与纯色的石材相接，
为卫生间增添独特的设计感。

石材与墙纸相接实景效果图

11.3
石材与木饰面相接

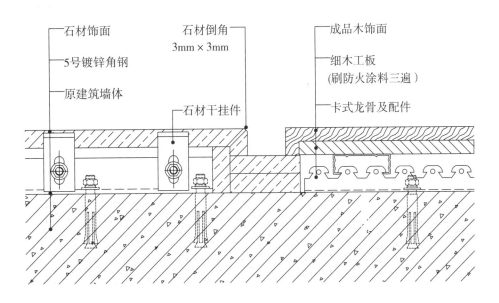

石材饰面 ——
5号镀锌角钢 ——
原建筑墙体 ——

石材倒角 ——
3mm×3mm

石材干挂件 ——

成品木饰面 ——
细木工板 ——
(刷防火涂料三遍)
卡式龙骨及配件 ——

石材与木饰面相接节点图

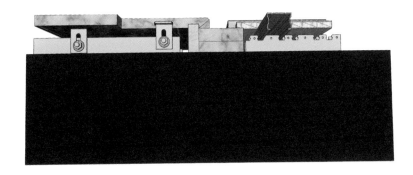

石材与木饰面相接三维示意图

扫 / 码 / 观 / 看
"石材与木饰面相接"三
维节点动图

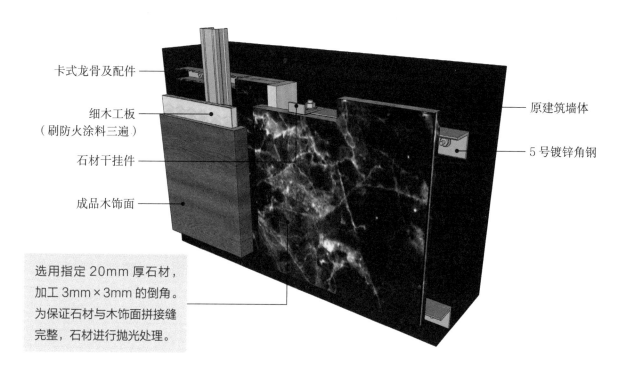

卡式龙骨及配件

细木工板
（刷防火涂料三遍）

石材干挂件

成品木饰面

原建筑墙体

5 号镀锌角钢

选用指定 20mm 厚石材，加工 3mm×3mm 的倒角。为保证石材与木饰面拼接缝完整，石材进行抛光处理。

石材与木饰面相接三维示意图解析

/ 常见的 4 种石材加工处理方式 /

① 晶面处理

石材的晶面处理就是利用晶面处理药剂，在专用晶面处理机的重压及其石材摩擦产生的高温双重作用下，通过物化反应，在石材表面进行结晶排列，形成一层清澈、致密、坚硬的保护层，起到增加石材保养硬度和光泽度的作用。

② 倒角

石材倒角就是在石材两个相互垂直面形成的 90° 棱角上，再用磨削工具与任意平面成 45° 夹角在这个棱角上形成第三个平面，这样不仅降低了石材自身被损坏的可能性，也减少了碰伤人体的机会。一般裸露的棱角最好都要进行倒角。

③ 磨边

石材磨边就是将板材的一条边或几条边磨成具有几何形状的石材加工工艺，磨边分为手工磨边和机器磨边两种技术方式。

④ 六面防护

石材的六面防护也称为全面防护，是对石材的六个面，如为不规则的石材指更多面，涂抹化学防护剂，以达到防水、防油、防污的目的，防护主要有浸泡法和涂刷法两种方式。防护剂涂刷晾干后 24 小时，检验防护剂的效果是否到位，可以进行大面积的使用。

工艺解析

第一步：现场放线

放出镀锌角钢及卡式龙骨安装的位置线，并在墙面用水准仪放出水平和竖直的控制线。

第二步：准备材料

选用定制石材进行加工，5号镀锌角钢、成品木饰面、卡式龙骨及配件、刷防火涂料三遍的细木工板以及软硬包皮革等。

第三步：基层处理

对要处理的基层进行加固，检查建筑墙体的平整度，如出现部分或合理范围内的凹凸不平，可用铲子铲除凸起部分，再用配套腻子修补凹陷部分。

第四步：轻钢龙骨隔墙制作

5号镀锌角钢用膨胀螺栓固定在建筑墙面，石材干挂件用螺丝与角钢固定。

第五步：木基层基础固定

用穿墙螺丝固定横向卡式龙骨，竖向卡式龙骨与其卡接，刷防火涂料三遍的细木工板安装在竖向龙骨上。

第六步：铺贴石材

将石材通过干挂件挂在角钢上，挂件与石材嵌合的缝隙处注胶填充，加以固定。

第七步：成品木饰面安装

木饰面基础做三防处理后，成品木饰面与细木工板固定。

第八步：完成面处理

石材做好六面防护，并用专用保护膜做好成品保护。

石材与木饰面的结合不仅带来
干净利落的线条感，木饰面的
纹理更是提升了空间的品质，
使整个空间更为自然舒适，可
以用作电视的背景墙。

石材与木饰面相接实景效果图

11.4
石材与软硬包相接

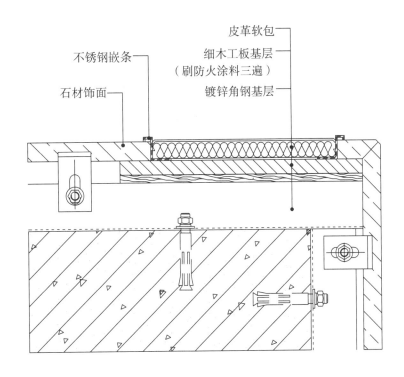

皮革软包
细木工板基层
（刷防火涂料三遍）
不锈钢嵌条
镀锌角钢基层
石材饰面

石材与软硬包相接节点图

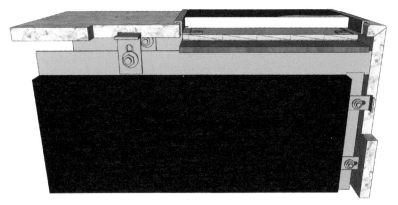

石材与软硬包相接三维示意图

扫 / 码 / 观 / 看
"石材与软硬包相接"三
维节点动图

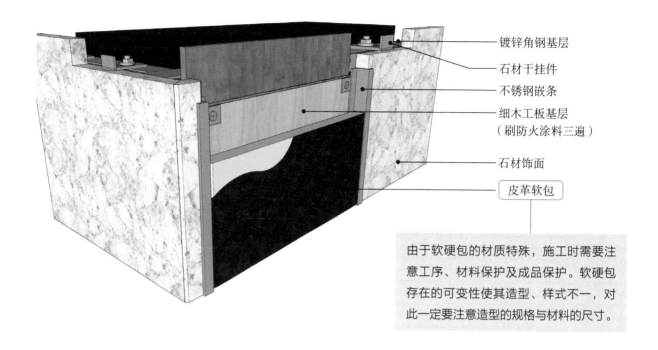

镀锌角钢基层

石材干挂件

不锈钢嵌条

细木工板基层
（刷防火涂料三遍）

石材饰面

皮革软包

由于软硬包的材质特殊，施工时需要注意工序、材料保护及成品保护。软硬包存在的可变性使其造型、样式不一，对此一定要注意造型的规格与材料的尺寸。

石材与软硬包相接三维示意图解析

工艺解析

细木工板刷防火涂料三遍与镀锌角钢基层固定，两侧与石材相交处用 Z 形不锈钢嵌条粘贴固定。

木饰面基础做三防处理后，成品木饰面与细木工板固定。

| 第一步 现场放线 | 第三步 基层处理 | 第五步 细木工板固定 | 第七步 成品软硬包安装 |

| 第二步 准备材料 | 第四步 轻钢龙骨隔墙制作 | 第六步 铺贴石材 | 第八步 完成面处理 |

石材与软硬包相接的墙面最常用作电视的背景墙，石材的立体感提升了空间的档次，软硬包则起到柔化整体空间氛围的作用。

石材与软硬包相接实景效果图

11.5
石材与墙砖相接

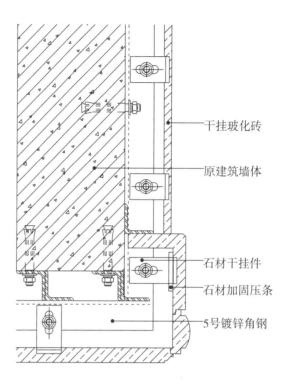

干挂玻化砖

原建筑墙体

石材干挂件

石材加固压条

5号镀锌角钢

石材与墙砖相接节点图

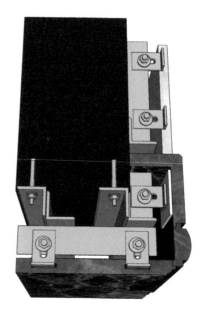

石材与墙砖相接三维示意图

扫 / 码 / 观 / 看
"石材与墙砖相接"三维
节点动图

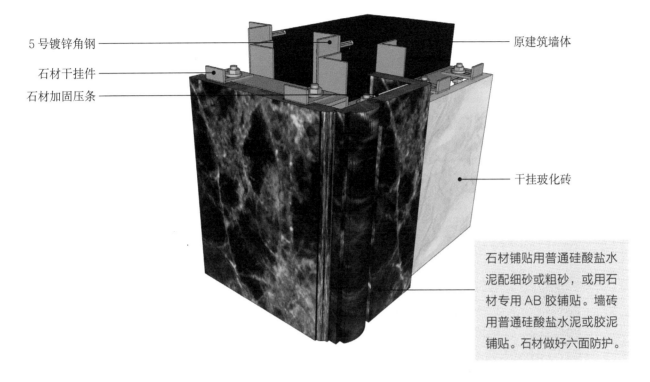

5 号镀锌角钢

石材干挂件

石材加固压条

原建筑墙体

干挂玻化砖

石材铺贴用普通硅酸盐水泥配细砂或粗砂，或用石材专用 AB 胶铺贴。墙砖用普通硅酸盐水泥或胶泥铺贴。石材做好六面防护。

石材与墙砖相接三维示意图解析

工艺解析

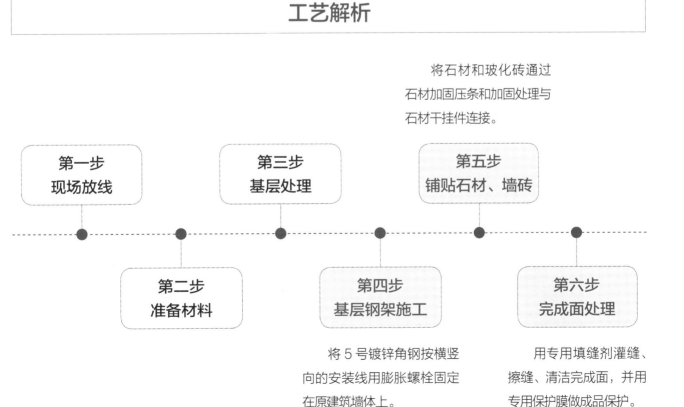

将石材和玻化砖通过石材加固压条和加固处理与石材干挂件连接。

第一步
现场放线

第三步
基层处理

第五步
铺贴石材、墙砖

第二步
准备材料

第四步
基层钢架施工

第六步
完成面处理

将 5 号镀锌角钢按横竖向的安装线用膨胀螺栓固定在原建筑墙体上。

用专用填缝剂灌缝、擦缝、清洁完成面，并用专用保护膜做成品保护。

石材铺贴的整体效果美观，瓷砖表面的
图案丰富了石材的单一，作为浴室、大
厅的墙面均为不错的选择。

石材与墙砖相接实景效果图

12

墙砖与其他材料
相接处节点

　　墙面砖主要是指瓷质的釉面砖、陶瓷马赛克一类的陶瓷墙砖，简称瓷砖。瓷砖作为使用率最高的一种室内装修建材，花色、种类繁多，用途广泛且百搭。不同的墙面饰面材料与瓷砖搭配使用具有不同的效果，相接节点处的处理方式也是各式各样。

　　本章陈列出三类最常使用见到的墙砖与其他材料相接处的节点施工工艺，分别为墙砖与不锈钢相接、墙砖与墙纸相接、墙砖与木饰面相接。

12.1
墙砖与不锈钢相接

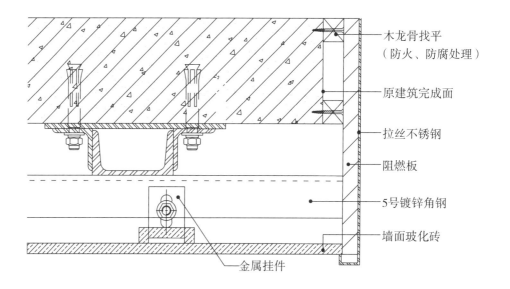

木龙骨找平
（防火、防腐处理）

原建筑完成面

拉丝不锈钢

阻燃板

5号镀锌角钢

墙面玻化砖

金属挂件

墙砖与不锈钢相接节点图

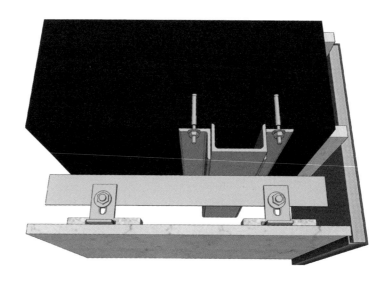

墙砖与不锈钢相接三维示意图

扫 / 码 / 观 / 看
"墙砖与不锈钢相接"三
维节点动图

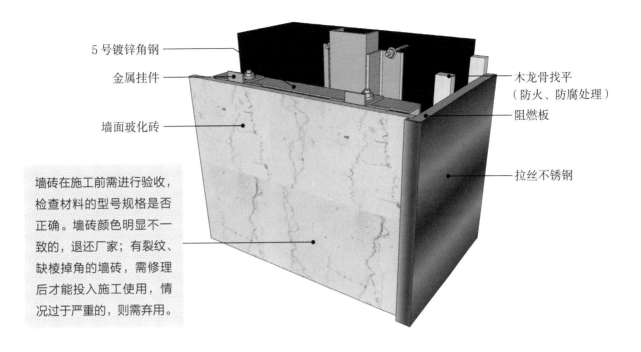

5 号镀锌角钢

金属挂件

墙面玻化砖

木龙骨找平
（防火、防腐处理）

阻燃板

拉丝不锈钢

墙砖在施工前需进行验收，检查材料的型号规格是否正确。墙砖颜色明显不一致的，退还厂家；有裂纹、缺棱掉角的墙砖，需修理后才能投入施工使用，情况过于严重的，则需弃用。

墙砖与不锈钢相接三维示意图解析

/ 不锈钢收口的四种方法 /

① 压边收口法

压边收口法是装修收口最基本、常用的方法，不同饰面材料之间或不同结构件的收口都可以采用压边收口法。压边收口法指的就是在两种相邻的材料或者构件中，一种遮盖在另外一种上方达到收口目的的收口方式。

② 留缝收口法

留缝收口法是在相邻的材料或者构件间留出一定宽度的缝隙来进行收口的方法。留缝收口法主要用于质地比较硬的材料进行收口，或用于分隔不同构件或建筑部位。

③ 碰接收口法

碰接收口法主要用于木饰面材料的收口，通常是将木构件碰接边刨成一定角度的斜角来实现材料彼此之间的搭接的收口方法。

④ 榫接收口法

榫接收口法一般用于较大厚度的木饰面板或者是实木材料的收口上，它具有一定的强度，且其不仅是收口的一种方法，更是木作施工连接的一种方法。榫接收口法一般只用在有特殊设计要求的部位，例如木板的拼接等。

工艺解析

第一步：准备工作

根据图纸要求，选取墙砖、5号镀锌角钢、阻燃板、拉丝不锈钢等施工材料，并确定所有材料强度达到了设计要求后，再进行下一步工序。

第二步：现场放线

按要求弹出木龙骨以及镀锌角钢安装的定位墨线，并用经纬仪弹出垂直线、水平线以及竖向的控制线。

第三步：材料加工

将木龙骨、阻燃板及角钢按设计要求裁成所需尺寸，并对木龙骨进行防火、防腐处理。

第四步：基层处理

清洁墙壁表面污渍，将墙面缺损处用1:3的水泥砂浆进行填充，保证墙面的平整后，进行抹灰并刮腻子。

第五步：墙砖结构框架固定

将竖向角钢紧贴8号槽钢用膨胀螺栓固定在墙面上，调整横向5号角钢与竖向角钢、8号槽钢的间隙，用点焊固定。用设计规定的不锈钢螺丝固定角钢和不锈钢挂件。调整挂件使其T形挂钩与墙砖的粘贴挂槽对正后，固定挂件。

第六步：安装木龙骨基层

将经过防火、防腐处理过后的竖向木龙骨用胶钉固定在原建筑完成面上方进行找平处理。而后将阻燃板贴木龙骨安装固定，安装过程中，需注意留出不锈钢施工的间隙。

第七步：不锈钢定制

提前定制好符合阻燃板尺寸的凹槽型拉丝不锈钢。

第八步：干挂墙砖

确定不锈钢挂件安好后，先将墙砖侧孔抹胶，按顺序将墙砖按位置插入挂件，调整挂件并将面板固定。

第九步：安装不锈钢

将拉丝不锈钢按阻燃板预留出的缝隙安入，用专用胶填充固定后，不锈钢与墙砖接触处用玻璃胶进行收口。

第十步：完成面处理

将墙砖与不锈钢相接处用专用填缝剂擦缝并清理干净后，用专用保护膜做好相接节点处的成品保护，以预防污染问题。

墙砖边缘与不锈钢相接，不锈钢耐高温、低温的特性可以保护瓷砖，使墙面耐久性增强，玄关、客厅常使用此种交接方式。

墙砖与不锈钢相接实景效果图

12.2
墙砖与墙纸相接

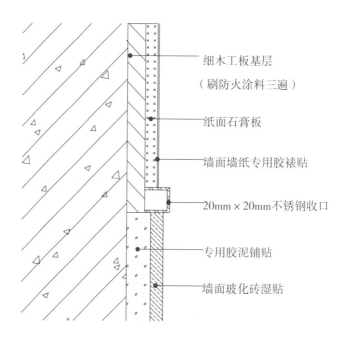

细木工板基层
（刷防火涂料三遍）

纸面石膏板

墙面墙纸专用胶裱贴

20mm×20mm不锈钢收口

专用胶泥铺贴

墙面玻化砖湿贴

墙砖与墙纸相接节点图

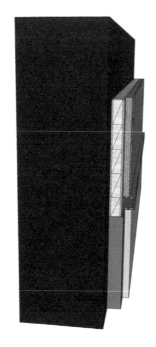

扫 / 码 / 观 / 看
"墙砖与墙纸相接"三维
节点动图

墙砖与墙纸相接三维示意图

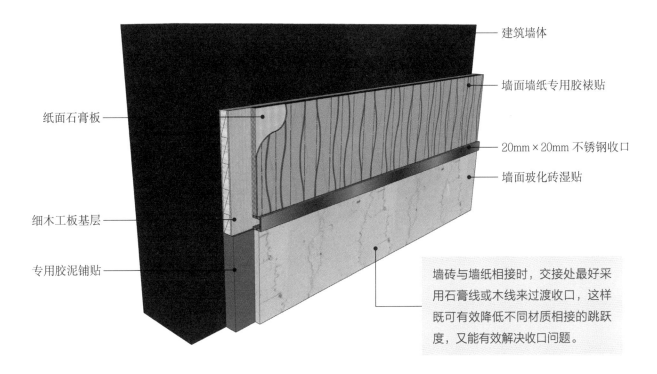

纸面石膏板

细木工板基层

专用胶泥铺贴

建筑墙体

墙面墙纸专用胶裱贴

20mm×20mm 不锈钢收口

墙面玻化砖湿贴

墙砖与墙纸相接时，交接处最好采用石膏线或木线来过渡收口，这样既可有效降低不同材质相接的跳跃度，又能有效解决收口问题。

墙砖与墙纸相接三维示意图解析

/ 如何辨别墙砖的好坏 /

① **看**：看墙砖表面的光泽是否亮丽，有无划痕、色斑、漏抛、漏磨、缺边、缺角等缺陷。观察墙砖底胚的商标标记，看是否有清晰的商标标记，若没有或特别模糊，需再对生产的厂家是否正规进行确认。

② **掂**：将墙砖放入手中试手感。质量好、密度高的砖在同一规格的产品中手感都较沉，反之则手感较轻。

③ **听**：敲击墙砖，若声音浑厚，回音绵长如撞击铜钟，则瓷化程度高，耐磨性强，抗折强度高，吸水率低，不易受污染；若声音沉闷、混哑，则瓷化程度低，耐磨性差，抗折强度低，吸水率高，极易受污染，甚至存在裂痕。

④ **量**：墙砖边长偏差以 ≤ 1mm 为宜，对角线为 500mm×500mm 的墙砖偏差应 ≤ 1.5mm，600mm×600mm 的墙砖应 ≤ 2.2mm。超出此标准的墙砖，会对装饰效果产生较大的影响。

⑤ **试**：首先是试铺，在同一型号及色号范围内随机抽取不同箱中的一些产品在墙面进行试铺，在三米外观察墙面是否有明显色差，砖与砖的缝隙间是否是平直的，倒角是否均匀；然后再试试墙面滑不滑，不应加水，否则会有额外的涩感。

工艺解析

第一步：准备工作

根据图纸要求，选取细木工板、墙砖、纸面石膏板以及 20mm×20mm 不锈钢收口等施工材料，确定材料强度后进行下一步施工。

第二步：现场放线

按设计图纸用经纬仪弹出垂直线、水平线以及竖向的控制线。

第三步：材料加工

将细木工板、纸面石膏板及不锈钢收口按设计要求裁成所需尺寸，细木工板作为基层需刷防火涂料三遍。

第四步：基层处理

将凸出墙面的混凝土剔平，对混凝土墙面进行凿毛，用钢丝刷满刷一遍，再浇水湿润。清除墙面基层即抹灰面和墙砖背面的污渍或灰尘，并涂刷一道界面剂以增强黏结力。

第五步：水泥砂浆结合层

为了层间结合得更好，对涂刷完界面漆的混凝土基层用 10mm 厚的水泥：水：砂的比例为 1：0.2：3 的水泥砂浆进行打底扫毛，在水泥面达到一定强度后，再用 6mm 厚的水泥：水：砂的比例为 1：0.2：3 的水泥砂浆进行找平。

第六步：墙砖铺贴

同一段的墙砖应从下向上铺贴，先将拌制好的硅酸盐水泥或胶泥在墙面涂约 3mm 厚，同时也在墙砖背面涂抹水泥，用力压得密实平整。墙砖粘贴后如有偏差应在 20 分钟内进行移动矫正。

第七步：粘贴墙纸

准备上墙裱糊的壁纸，纸背预先刷清水一遍（即闷水），再刷壁纸胶一遍。裱糊的基层同时刷壁纸胶一遍，壁纸即可以上墙裱糊。多余的壁纸胶，则顺刮板操作方向挤出纸边，挤出的壁纸胶要及时用湿毛巾（软布）抹净，以保持墙壁整洁。

第八步：灌缝、擦缝

第九步：完成面处理

为预防成品的污染，在将墙纸表面清理干净后，需用专用保护膜做好成品保护。

清新配色的墙纸与同色调的瓷砖相接，清爽文艺，用于卫生间空间中，可舒缓人的视觉，使人心情舒畅。

墙砖与墙纸相接实景效果图

12.3
墙砖与木饰面相接

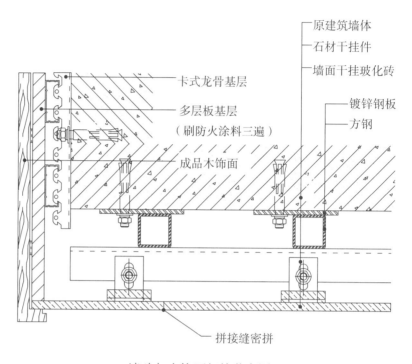

- 原建筑墙体
- 石材干挂件
- 墙面干挂玻化砖
- 卡式龙骨基层
- 多层板基层（刷防火涂料三遍）
- 镀锌钢板
- 方钢
- 成品木饰面
- 拼接缝密拼

墙砖与木饰面相接节点图

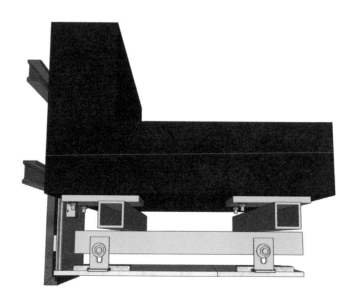

墙砖与木饰面相接三维示意图

扫／码／观／看
"墙砖与木饰面相接"三
维节点动图

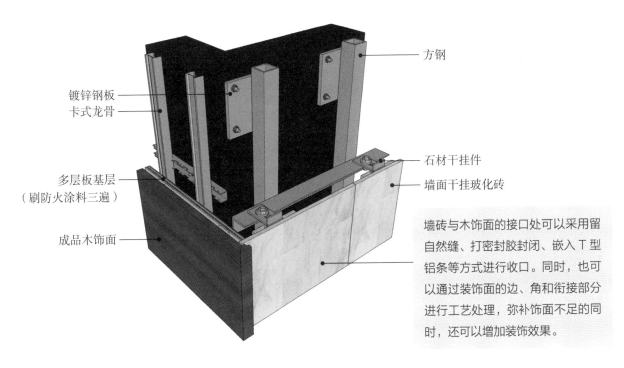

方钢

镀锌钢板

卡式龙骨

石材干挂件

墙面干挂玻化砖

多层板基层
（刷防火涂料三遍）

成品木饰面

墙砖与木饰面的接口处可以采用留自然缝、打密封胶封闭、嵌入 T 型铝条等方式进行收口。同时，也可以通过装饰面的边、角和衔接部分进行工艺处理，弥补饰面不足的同时，还可以增加装饰效果。

墙砖与木饰面相接三维示意图解析

工艺解析

准备好 9mm 厚的多层板、木饰面板、石材干挂件以及墙砖。

按要求将木饰面进行加工，并将多层板裁剪成施工图纸中要求的尺寸，多层板需刷防火涂料三遍。

将多层板安装在卡式龙骨基层上，并在多层板上方按一定间距垫上木条。

保证墙砖与木饰面拼接缝完整，墙砖做擦缝处理，并用专用保护膜做成品保护。

第一步 准备工作	第三步 材料加工	第五步 木饰面基础固定	第七步 干挂墙砖	第九步 完成面处理

第二步
现场放线

第四步
基层处理

第六步
墙砖干挂结构
框架固定

第八步
成品木饰面安装

将处理好的成品木饰面卡入多层板外部，用实木线条对木饰面与墙砖的接口处进行收口。

墙砖与木饰面相接这种墙面连接的方式，通常用于日式的家装内，木饰面的自然纹理可以使呆板的室内风格更加跳脱。

墙砖与木饰面相接实景效果图

13

其他墙面相接处节点

除了钢结构及砌体结构隔墙、墙漆涂料类墙面、人造装饰板类墙面、墙纸（布）类饰面墙面、石材类墙面、金属类饰面墙面、玻璃类饰面、墙砖类墙面、软硬包墙面以及其他各类墙面材料相接的墙面节点外，还有一些较为细碎的墙面相接节点。

本章主要针对无法归至其他章节的三大类相接节点进行说明。其中包括乳胶漆与其他材料相接节点、玻璃与其他材料相接节点以及软硬包与其他材料相接节点，每类相接节点各有两种工法解说。

13.1
乳胶漆与不锈钢相接

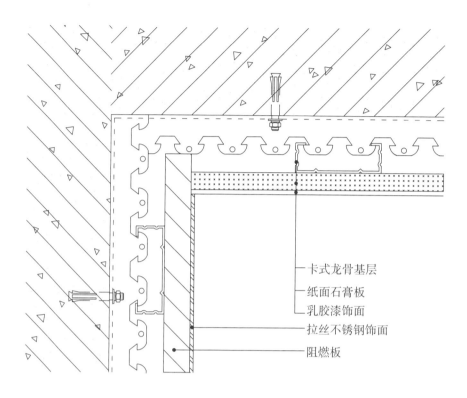

卡式龙骨基层
纸面石膏板
乳胶漆饰面
拉丝不锈钢饰面
阻燃板

乳胶漆与不锈钢相接节点图

扫 / 码 / 观 / 看
"乳胶漆与不锈钢相接"
三维节点动图

乳胶漆与不锈钢相接三维示意图

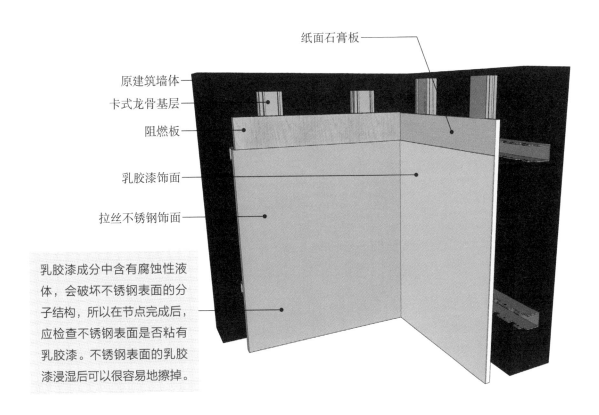

纸面石膏板

原建筑墙体

卡式龙骨基层

阻燃板

乳胶漆饰面

拉丝不锈钢饰面

乳胶漆成分中含有腐蚀性液体，会破坏不锈钢表面的分子结构，所以在节点完成后，应检查不锈钢表面是否粘有乳胶漆。不锈钢表面的乳胶漆浸湿后可以很容易地擦掉。

乳胶漆与不锈钢相接三维示意图解析

/ 如何将不锈钢装饰条固定在乳胶漆墙面 /

① 镶入法

根据需要在石材表面拉出装饰条尺寸的槽口，深度由装饰条高出板面的尺寸或镶嵌尺寸确定，槽的深度需比实际尺寸略深。

将云石胶涂抹在开槽处，再将不锈钢装饰条镶入石材槽中，确定好高度位置及各处的尺寸后放置一段时间。

在云石胶未完全干透的情况下用美工刀刮去溢出的多余胶体，然后静置至胶干透。

② 浮贴法

将云石胶直接涂抹在装饰条的底部，确定尺寸，将装饰条粘贴在石材表面，在粘贴前，应先用角磨机将粘贴位置打磨毛糙。

在云石胶未完全干透的情况下用美工刀刮去溢出的多余胶体，然后静置至胶干透。

工艺解析

第一步：准备工作

根据图纸要求，选取细木工板、卡式龙骨、纸面石膏板以及拉丝不锈钢饰面等施工材料，确定材料强度后进行下一步施工。

第二步：现场放线

按要求弹出卡式龙骨安装的定位墨线，并用经纬仪弹出水平及竖向的控制线。

第三步：材料加工

将卡式龙骨、细木工板、纸面石膏板及拉丝不锈钢板按设计要求裁成所需尺寸，对细木工板刷防火涂料三遍。

第四步：基层处理

将凸出墙面的混凝土剔平，对混凝土墙面进行凿毛，用钢丝刷满刷一遍，再浇水湿润。清除墙面基层即抹灰面的污渍或灰尘，并涂刷一道界面剂以增强黏结力。

第五步：卡式龙骨结构框架固定

将卡式横档龙骨以 800mm 的间距用膨胀螺栓固定在建筑墙体上，竖档龙骨以 400mm 的间距与横档龙骨匹配的双向卡口部卡接固定。

第六步：纸面石膏板基层

若墙面有门窗洞口，则从门窗洞口处开始安装纸面石膏板，墙面无洞口则从墙的一端开始安装，用自攻螺钉将纸面石膏板与卡式龙骨基层固定，纸面石膏板钉眼需经防锈处理，完成安装后涂刷乳胶漆作为饰面。

第七步：阻燃板基层

将阻燃板用射钉固定在卡式龙骨基层上方，作为拉丝不锈钢饰面的基层。

第八步：不锈钢安装

首先确认不锈钢折边是否平直，然后将拉丝不锈钢压在墙面乳胶漆上，用专用胶在细木工板基层表面与拉丝不锈钢板背面均匀涂刷，待胶水干燥至不粘手后将板沿弹出的墨线慢慢施压并敲实，固定一段时间后放开。不锈钢与乳胶漆墙面接触缝隙处用玻璃胶进行收口。

第九步：完成面处理

将乳胶漆与不锈钢相接处用专用填缝剂擦缝并清理干净后，用专用保护膜做好相接节点处的成品保护，预防污染问题。

不锈钢与墙面乳胶漆相接通常采用较窄的不锈钢条进行装饰，可以点亮整体墙面而不显凸出物，用在客厅、卧室等地都是很好的选择。

乳胶漆与不锈钢相接实景效果图

13.2
乳胶漆与软硬包相接

▶▶ 乳胶漆与软硬包相接（1）

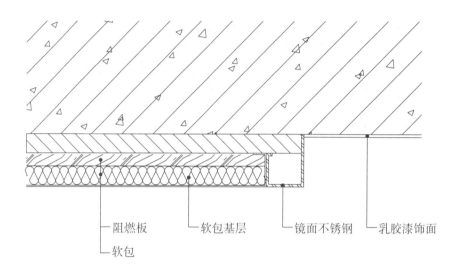

乳胶漆与软硬包相接（1）节点图

阻燃板　软包基层　镜面不锈钢　乳胶漆饰面
软包

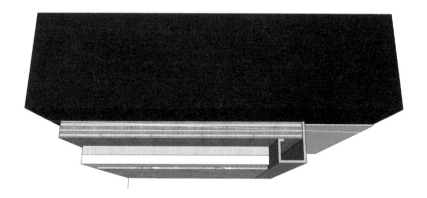

乳胶漆与软硬包相接（1）三维示意图

扫 / 码 / 观 / 看
"乳胶漆与软硬包相接
（1）"三维节点动图

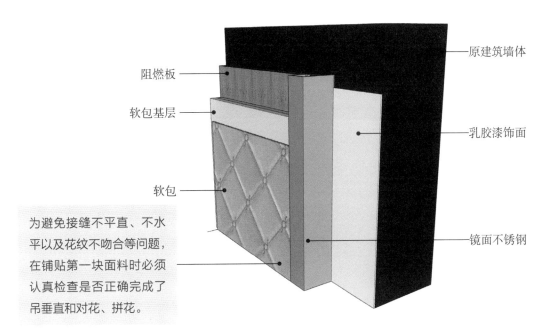

原建筑墙体

阻燃板

软包基层

乳胶漆饰面

软包

为避免接缝不平直、不水平以及花纹不吻合等问题，在铺贴第一块面料时必须认真检查是否正确完成了吊垂直和对花、拼花。

镜面不锈钢

乳胶漆与软硬包相接（1）三维示意图解析

/ 乳胶漆常用工具 /

批灰刀

批灰刀分为两种，一种是用于墙面抹灰的刮刀，另一种是用于挑出灰桶里面粉浆的铲刀。两种工具的材质有铁和不锈钢两种，是最基础的涂料施工工具

阴、阳角抹子

阴、阳角抹子主要用于墙面阴角、阳角平整度的修缮工作。阴、阳角抹子又分为直角抹子和圆角抹子。如墙面需要设计圆角造型，则需要使用圆角抹子完成施工作业

辊筒

辊筒又称筒刷，分为长毛、中毛、短毛三种。辊筒由圆柱形辊轴和塑料手柄组成，主要用于墙面、顶面中的乳胶漆滚涂

砂纸夹板

砂纸夹板是用于打磨的工具。使用砂纸夹板时，将砂纸裁切成相应的大小，然后夹在砂纸夹板上进行打磨作业，这样可以使打磨施工更加方便

羊毛刷

羊毛刷可应用于涂料的涂刷作业，是涂料施工中最常用到的工具。优质羊毛刷的含漆量大、流平性好，能均匀地涂刷涂料，使涂刷表面平滑、厚薄一致

喷漆枪

喷漆枪是利用液体或压缩空气迅速释放作为动力的一种工具，主要用于墙面涂料的喷涂施工作业。使用喷漆枪省时、省力，喷涂的涂料具有均匀、细腻等特点

工艺解析

第一步：准备工作

根据图纸要求，选取多层板、软包饰面、镜面不锈钢、乳胶漆等施工材料，并确定所有材料强度达到了设计要求后，再进行下一步工序。

第二步：现场放线

按设计图纸用经纬仪弹出水平以及竖向的控制线。

第三步：材料加工

将多层板、软包饰面、软包基层板及镜面不锈钢板按设计要求裁成所需尺寸，对多层板刷防火涂料三遍，并对软包基层做防火、防潮、防腐处理。

第四步：基层处理

将凸出墙面的混凝土剔平，对混凝土墙面进行凿毛，用钢丝刷满刷一遍，再浇水湿润。清除墙面基层即抹灰面的污渍或灰尘，并涂刷一道界面剂以增强黏结力。

第五步：阻燃板基层固定

将阻燃板用射钉固定在原建筑墙体上方，作为软包基层的底板。

第六步：满刮腻子

先刮一遍 6mm 厚的水泥：水：砂的比例为 1：0.2：3 的水泥砂浆进行找平，然后再刮腻子。腻子需满刮三遍，每遍腻子批刮的间隔时间应在表面干透后。当腻子干燥后，用砂纸将腻子磨光，然后将墙面清扫干净。

第七步：成品软包安装

首先将软包基层固定在多层板基层上方，然后将软包饰面压在软包基层上，用专用胶在软包饰面背面与软包基层表面均匀涂刷，待胶水干燥至不粘手后找好垂直，将软包饰面慢慢贴在基层上，固定一段时间后放开，多余的胶沿边挤出并清理干净。

第八步：完成面处理

将乳胶漆与软包相接处清理干净后，用专用保护膜做好相接节点处的成品保护，预防污染问题。

▶▶ **乳胶漆与软硬包相接（2）**

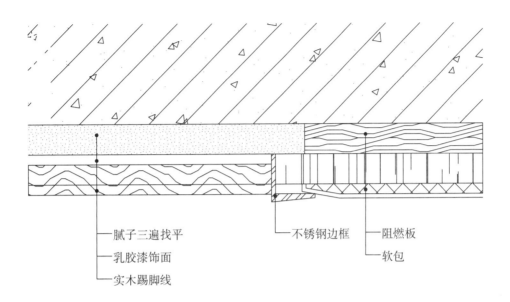

- 腻子三遍找平
- 乳胶漆饰面
- 实木踢脚线
- 不锈钢边框
- 阻燃板
- 软包

乳胶漆与软硬包相接（2）节点图

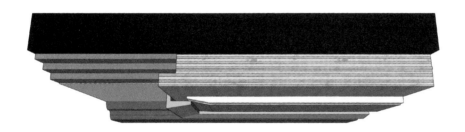

乳胶漆与软硬包相接（2）三维示意图

扫 / 码 / 观 / 看
"乳胶漆与软硬包相接
（2）"三维节点动图

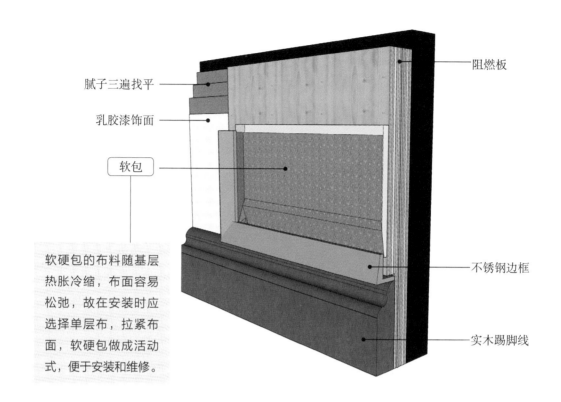

腻子三遍找平

乳胶漆饰面

软包

软硬包的布料随基层热胀冷缩，布面容易松弛，故在安装时应选择单层布，拉紧布面，软硬包做成活动式，便于安装和维修。

阻燃板

不锈钢边框

实木踢脚线

乳胶漆与软硬包相接（2）三维示意图解析

工艺解析

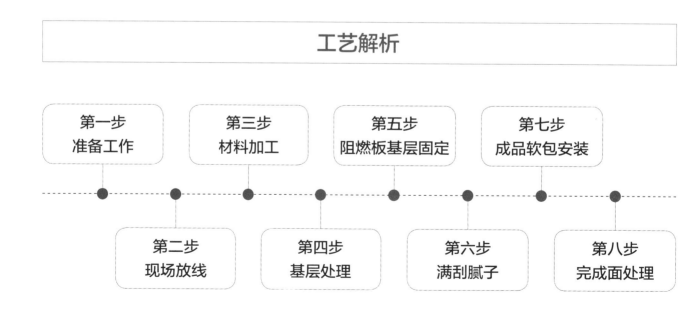

第一步 准备工作

第三步 材料加工

第五步 阻燃板基层固定

第七步 成品软包安装

第二步 现场放线

第四步 基层处理

第六步 满刮腻子

第八步 完成面处理

▶▶ 乳胶漆与软硬包相接（3）

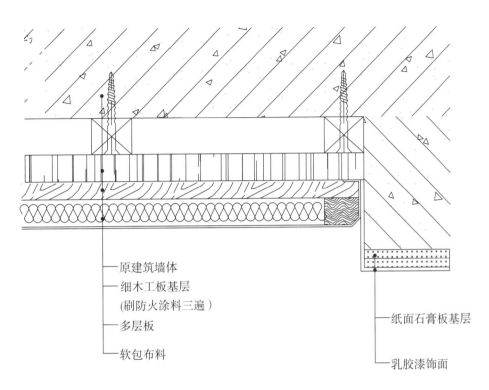

— 原建筑墙体
— 细木工板基层
（刷防火涂料三遍）
— 多层板
— 软包布料

— 纸面石膏板基层

— 乳胶漆饰面

乳胶漆与软硬包相接（3）节点图

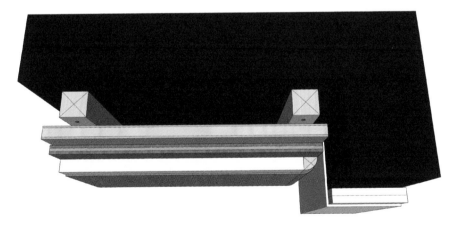

乳胶漆与软硬包相接（3）三维示意图

扫 / 码 / 观 / 看
"乳胶漆与软硬包相接
（3）"三维节点动图

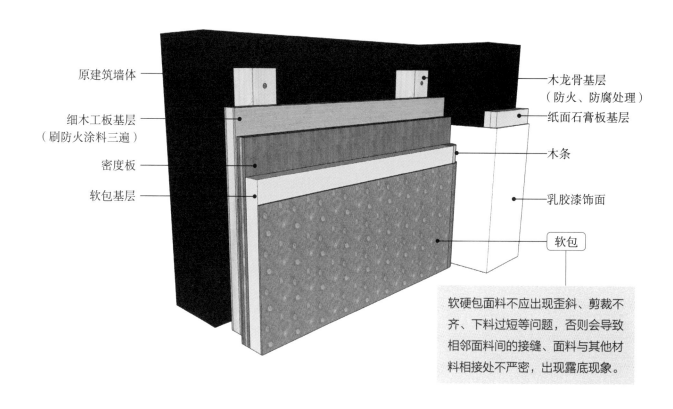

原建筑墙体

细木工板基层
（刷防火涂料三遍）

密度板

软包基层

木龙骨基层
（防火、防腐处理）

纸面石膏板基层

木条

乳胶漆饰面

软包

软硬包面料不应出现歪斜、剪裁不齐、下料过短等问题，否则会导致相邻面料间的接缝、面料与其他材料相接处不严密，出现露底现象。

乳胶漆与软硬包相接（3）三维示意图解析

工艺解析

木龙骨进行防火、防腐处理。

将竖向木龙骨用胶钉固定在原建筑墙面的上方进行处理。

细木工板上方固定密度板，密度板上方再固定软包基层。

第一步 准备工作	第三步 材料加工	第五步 木龙骨框架固定调平	第七步 成品软包安装

第二步 现场放线	第四步 基层处理	第六步 细木工板固定	第八步 完成面处理

将细木工板用射钉固定在木龙骨上方，作为基层。

乳胶漆与软硬包相接常用作电视背景
墙、卧室床背景墙中，可以增加空间
的舒适度及立体感。

乳胶漆与软硬包相接实景效果图

13.3
玻璃与不锈钢相接

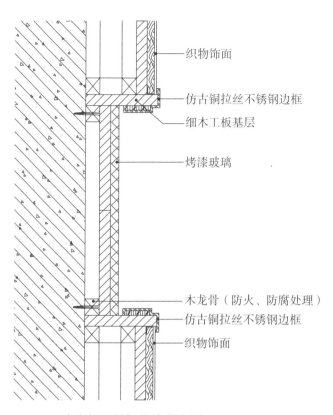

织物饰面

仿古铜拉丝不锈钢边框

细木工板基层

烤漆玻璃

木龙骨（防火、防腐处理）

仿古铜拉丝不锈钢边框

织物饰面

玻璃与不锈钢相接节点图

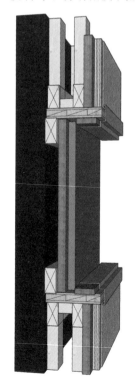

扫 / 码 / 观 / 看
"玻璃与不锈钢相接"三
维节点动图

玻璃与不锈钢相接三维示意图

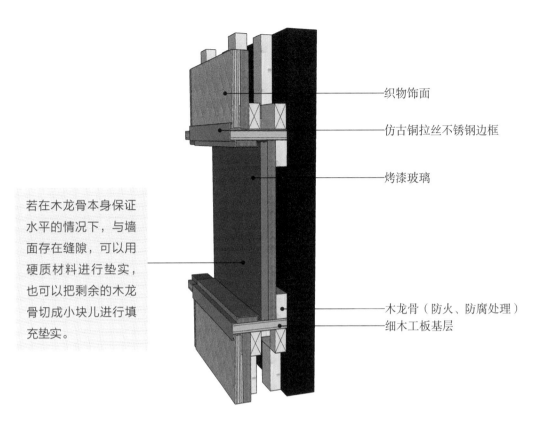

若在木龙骨本身保证水平的情况下，与墙面存在缝隙，可以用硬质材料进行垫实，也可以把剩余的木龙骨切成小块儿进行填充垫实。

织物饰面

仿古铜拉丝不锈钢边框

烤漆玻璃

木龙骨（防火、防腐处理）

细木工板基层

玻璃与不锈钢相接三维示意图解析

/ 不锈钢板材的选购技巧 /

① 用途及使用环境

医疗或厨房采用卫生级不锈钢板，室内其余空间一般采用 200 系列板材，室外采用 304 等系列板材，酸碱性高的地方或沿海地区一般采用 316 以上材质。

② 材质达标

以 304 材质为例：a. 从价格上分析，若 304 材质不锈钢板低于市场上的普遍价格，要仔细辨别，预防其他材质冒充；b. 观察板面是否有打钢印的 "304" 字样，并要索取厂家质量证明书作为凭证；c. 用酸性试剂测试，30 秒后材质 304 不变色，201 变黑色；d. 大批量购买可抽取样品送至国家权威检测中心进行成分化验检测。

③ 观察外表面的颜色是否光亮平滑，厚度是否均匀

采用冷拔或热轧方式生产的钢板，在生产过程中操作不当容易产生厚度不均匀、裂纹等现象，而表面粗糙一般是未进行抛光处理，若对外观无特别要求不影响使用。

工艺解析

第一步：准备工作

根据图纸要求，选取烤漆玻璃、细木工板、仿古铜拉丝不锈钢等施工材料，并确定所有材料强度达到了设计要求后，再进行下一步工序。

第二步：现场放线

按要求弹出木龙骨安装的定位墨线，并用经纬仪弹出水平及竖向的控制线。

第三步：材料加工

将木龙骨、织物饰面、细木工板等材料按设计要求裁成所需尺寸，并对木龙骨进行防火、防腐处理，细木工板刷防火涂料三遍。

第四步：基层处理

清洁墙壁表面污渍，将墙面缺损处用 1：3 的水泥砂浆进行填充，保证墙面的平整后，进行抹灰并刮腻子。

第五步：木龙骨基层调平

将经过防火、防腐处理过后的横向木龙骨用胶钉固定在原建筑完成面上方，并根据垂吊线对木龙骨基层进行调平。

第六步：细木工板基层

将裁好尺寸的细木工板用木钉固定在木龙骨上作为框架。

第七步：安装玻璃、不锈钢

将烤漆玻璃用专用胶粘贴在细木工板上方，仿古铜拉丝不锈钢作为边框固定在玻璃上下，并与织物饰面相接。

第八步：完成面处理

将玻璃与不锈钢相接处用专用填缝剂擦缝并清理干净后，用专用保护膜做好相接节点处的成品保护，以预防污染问题。

烤漆玻璃的使用范围比较广，不仅适用于简约、现代、时尚等现代类风格，新中式、简欧风格等也同样适用。不锈钢与它组合设计可强化其现代感和时尚感。

玻璃与不锈钢相接实景效果图

13.4
玻璃窗与墙面相接

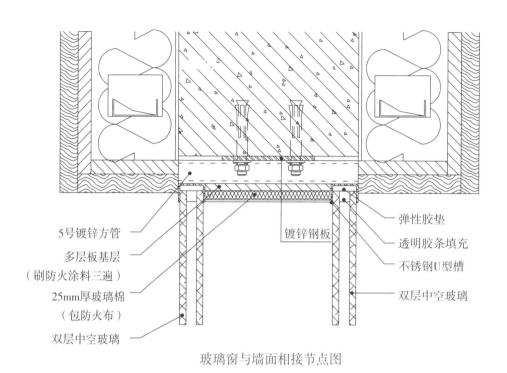

5号镀锌方管

多层板基层
（刷防火涂料三遍）

25mm厚玻璃棉
（包防火布）

双层中空玻璃

镀锌钢板

弹性胶垫

透明胶条填充

不锈钢U型槽

双层中空玻璃

玻璃窗与墙面相接节点图

扫／码／观／看
"玻璃窗与墙面相接"三
维节点动图

玻璃窗与墙面相接三维示意图

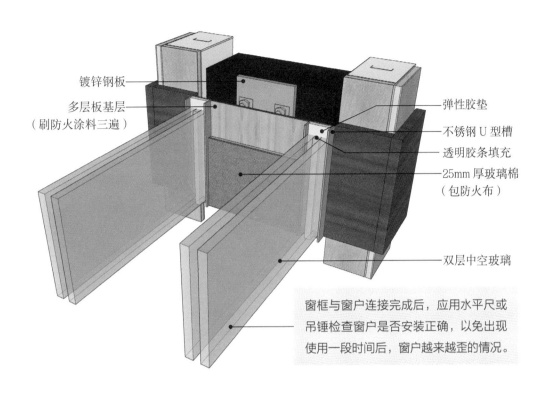

镀锌钢板

多层板基层
（刷防火涂料三遍）

弹性胶垫

不锈钢 U 型槽

透明胶条填充

25mm 厚玻璃棉
（包防火布）

双层中空玻璃

窗框与窗户连接完成后，应用水平尺或吊锤检查窗户是否安装正确，以免出现使用一段时间后，窗户越来越歪的情况。

玻璃窗与墙面相接三维示意图解析

/ 玻璃窗的类型 /

塑钢门窗

价格较低，性价比较高，是目前强度最好的门窗，现仍被广泛使用。塑钢门窗与铝合金门窗相比，具有更优良的密封、保温、隔热、隔音性能。从装饰角度看，塑钢门窗的表面可着色、覆膜，做到多样化

铝合金门窗

在家装中，常用铝合金门窗封装阳台。铝合金推拉窗具有美观、耐用、便于维修、价格便宜等优点，但也存在推拉噪声大、保温差、易变形等问题

木门窗

在现代居室空间的使用中多半作为局部的点缀性装饰，可用作壁饰、隔断、天花装饰、桌面、镜框等。木门窗不仅适用于中式古典风格和新中式风格，还可用于东南亚风格、新古典风格、日式风格等空间装饰

工艺解析

第一步：选取材料

选取双层中空、无划痕损伤的玻璃物料，5 号镀锌方管、不锈钢 U 型槽及弹性胶垫等材料，做好施工准备。

第二步：基层处理

预埋钢架基层后，5 号镀锌方管用膨胀螺栓固定在混凝土墙面上，然后将 18mm 厚的多层板刷防火涂料三遍后铺贴于镀锌方管上方，再用 25mm 厚玻璃棉包防火布完成墙面的处理。

第三步：安装槽钢

将槽钢焊接安装 5 号镀锌方管之上，与墙体饰面连接处用透明胶条进行填充。

第四步：安装玻璃

双层中空玻璃固定于槽钢内，中空间距由弹性胶垫确保稳定，用透明胶条填充与槽钢、胶垫相接之处。

第五步：清理保护

将玻璃表面及墙面的胶迹灰尘等清理干净后，对安装好的玻璃窗与墙面相接处做好成品保护。

墙面为白色乳胶漆时，可配有木质的
窗框，材质纹路碰撞的同时，也为房
间增添一抹沉静、稳重。

玻璃窗与墙面相接实景效果图

13.5
软硬包与墙纸相接

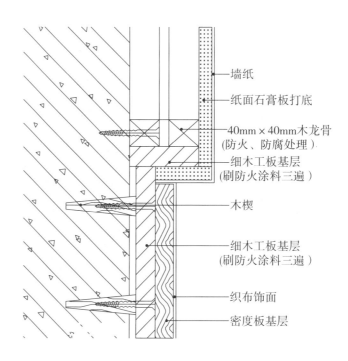

墙纸

纸面石膏板打底

40mm×40mm木龙骨
(防火、防腐处理)

细木工板基层
(刷防火涂料三遍)

木楔

细木工板基层
(刷防火涂料三遍)

织布饰面

密度板基层

软硬包与墙纸相接节点图

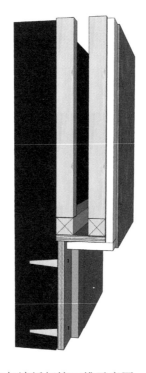

扫 / 码 / 观 / 看
"软硬包与墙纸相接"三
维节点动图

软硬包与墙纸相接三维示意图

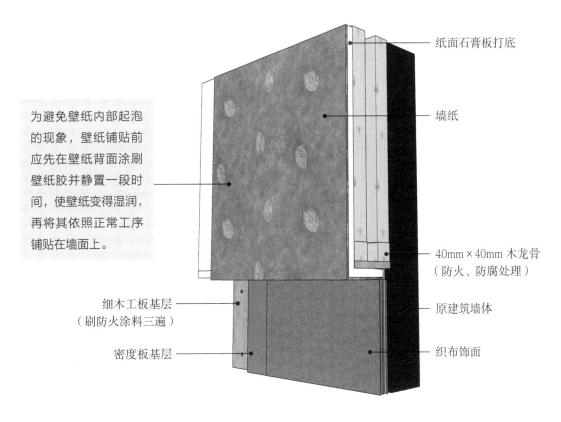

为避免壁纸内部起泡的现象，壁纸铺贴前应先在壁纸背面涂刷壁纸胶并静置一段时间，使壁纸变得湿润，再将其依照正常工序铺贴在墙面上。

纸面石膏板打底

墙纸

40mm×40mm 木龙骨
（防火、防腐处理）

细木工板基层
（刷防火涂料三遍）

原建筑墙体

密度板基层

织布饰面

软硬包与墙纸相接三维示意图解析

/ 处理壁纸上凸点的方法 /

① 切口修复法

在凸包部位用裁刀先切个十字形切口，而后放出里面的空气，就可消除凸包。切割后用干净的湿海绵块将该部位的壁纸浸湿变软，而后小心掀起切口，用画笔、毛笔或棉签在背面上涂少量糨糊，使其粘平复位后，用手掌压实至平整或用轧辊滚压平实。稍等片刻后，擦掉表面上多余的糨糊。对图案部位，要沿图案切割，如图案为弧形，切口也要切成弧形，但涂糨糊时不要掀切口过大，以防扯坏壁纸。由于壁纸干后会收缩，会将修复处的切口绷紧，壁纸会恢复原来的外观，而不会太影响美观。

② 注射器修复法

注射器修复法主要适用于小凸包缺陷的修复。操作时先将医用针管中的空气排出，而后吸入稀胶液直接打入气泡内，稍等片刻后用手指按压平整，或用工具滚压一下，擦净表面残胶即可。

工艺解析

第一步：准备工作

按设计图纸选择 40mm×40mm 木龙骨、细木工板、纸面石膏板、木楔、墙纸、织布饰面，确保材料的质量。

第二步：现场放线

在墙面放出木龙骨及基层板的安装位置线，以及墙纸与软硬包的交接位置线。同时需在墙面弹出水平和垂直的控制线。

第三步：材料加工

将木龙骨进行防火、防腐处理，细木工板刷防火涂料三遍。同时将墙纸、石膏板、龙骨及基层板按设计图纸尺寸进行裁剪。

第四步：基层处理

木龙骨按弹出的墨线安装，通过水平及垂直的控制线确保木龙骨安装端正，木龙骨通过螺钉嵌入建筑墙体。木楔打入墙体便于螺钉固定。

第五步：安装细木工板

细木工板贴木楔安装，贴墙纸的墙面拐角用纸面石膏板进行打底。

第六步：粘贴墙纸

在石膏板表面及墙纸背面刷胶黏剂一遍，待胶半干后将墙纸花纹图案对齐，平整地粘贴在石膏板面上，拐角处墙纸需小心处理，避免出现脱落、起泡等现象。

第七步：成品软硬包安装

将织布饰面与硬包的基层板或软包的填料黏合，制作完成的成品软硬包与细木工板基层固定，同时，需注意软硬包与已粘贴好墙纸的墙面的衔接。

第八步：完成面处理

将完成装饰安装的墙面用专用保护膜做好成品保护，预防安装好的成品墙面受到污染。

温柔明快的浅粉色软包与以黑白为
主色调的墙纸相接，作为卧室墙面，
简约而不简单。

软硬包与墙纸相接实景效果图

13.6
软硬包与不锈钢相接

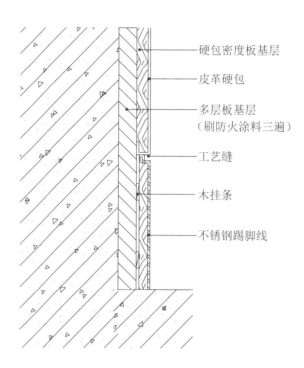

硬包密度板基层

皮革硬包

多层板基层
（刷防火涂料三遍）

工艺缝

木挂条

不锈钢踢脚线

软硬包与不锈钢相接节点图

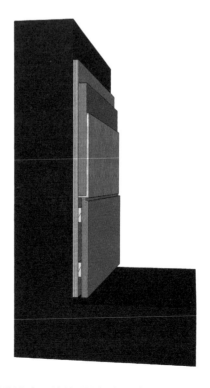

扫 / 码 / 观 / 看
"软硬包与不锈钢相接"
三维节点动图

软硬包与不锈钢踢脚线相接三维示意图

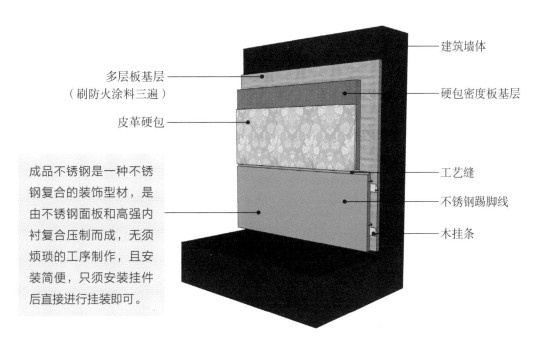

多层板基层
（刷防火涂料三遍）

皮革硬包

建筑墙体

硬包密度板基层

工艺缝

不锈钢踢脚线

木挂条

成品不锈钢是一种不锈钢复合的装饰型材，是由不锈钢面板和高强内衬复合压制而成，无须烦琐的工序制作，且安装简便，只须安装挂件后直接进行挂装即可。

软硬包与不锈钢相接三维示意图解析

工艺解析

多层板刷防火涂料三遍，皮革硬包的密度板基层也要做防火及防腐处理。

墙面安装多层板作为基层调平，不锈钢踢脚线安装的区域用螺钉将基层板固定在多层板上。

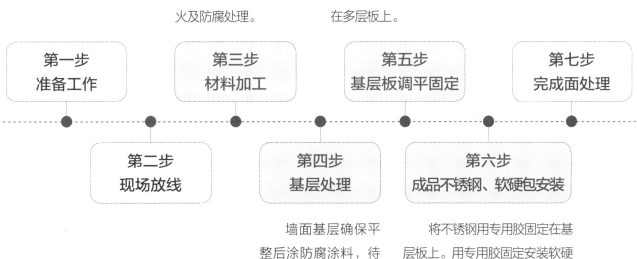

第一步
准备工作

第三步
材料加工

第五步
基层板调平固定

第七步
完成面处理

第二步
现场放线

第四步
基层处理

第六步
成品不锈钢、软硬包安装

墙面基层确保平整后涂防腐涂料，待墙面干燥后进行下一步工序。

将不锈钢用专用胶固定在基层板上。用专用胶固定安装软硬包，安装时不锈钢折边，软硬包压不锈钢，同时预留出工艺缝。

卧室背景墙采用浅灰色软硬包与金色漆面不锈
钢相接，刚与柔的碰撞，立体与平面的交汇，
相辅相成，相得益彰，让室内充满现代美感。

软硬包与不锈钢相接实景效果图